I0431299

EDITORES

MULTIMÉTODO
Alternativa de Investigación en un Mundo Complejo

Dra.: Everett Fuenmayor Rubio

Everett Fuenmayor Rubio
Sultana del Lago Editores

Maracaibo, 2022.
PRIMERA EDICIÓN

HECHO EL DEPÓSITO DE LEY

ISBN: 9798361663880

Diseño de la portada:
Luis Perozo Cervantes

Corrección:
Alirio Hernández

Diagramación y maquetación:
Sultana del Lago Editores

www.sultanadellago.com
+584246723597

Salvo lo dispuesto en los artículos 43 y 44 de la Ley sobre el Derecho de Autor, queda prohibida la reproducción o comunicación, total o parcial de este libro, siendo que cualquier individuo u organización que incurriere en la conducta impropia señalada, podrá ser perseguido penalmente conforme a lo establecido por los artículos del 119 al 124 eiusdem, constitutivos éstos del Título VII de la aludida ley y sin perjuicio de las responsabilidades civiles a las que pudiera haber lugar.

AGRADECIMIENTO

A Dios:
Por ser mi creador y protector; al iluminar y trazar el camino para enfrentar las circunstancias de este plano, al darme las fortalezas para superar los momentos difíciles que me han enseñado a valorar cada día más la vida, y lograr los triunfos.

A mis Padres:
Ana Raquel y José Antonio, por darme la vida y haber tenido el amor, la sabiduría, y la tolerancia para educarme y orientarme en la más difícil de las misiones.

A mis hijos:
Jean Paul, Jeaina Paola, y Johann David, quienes con su amor incondicional me han transferido la fuerza, y perseverancia para llevar adelante mis motivaciones.

*A mis hijos políticos: Leisly, Adafel, y Jacsely*n, por ser los compañeros de vida de mis hijos y hacerlos felices, ganándose mi respeto y afectos.

A mis nietos:
Dennys Antonio, Isaac David, Jesús Miguel, Daniel Alejandro, Fabiana Paola, Eliani Paola, Claudia Sofía, Paula Sofía, Jhana Paola, Maximiliano David, y Aarón David, los amores que me endulzan la vida con su cariño al darme momentos felices y alegres.

A mis hermanas y hermanos:
Edie, Hèrica, Edgar, Egda, Edward, Eric, Eberth, y Eglé por el amor y el respeto que nos profesamos.

A mis colegas y amigos:
Dr. Alex Hernández, Dr. Yalixo Antúnez, Dra. Olga Bit-

tar, quienes con su amistad, y aportes me permitieron alcanzar esta meta. Gracias por la hermandad cultivada que nos une.

A mis amigos, y a mis hermanas de la vida:
Belmiro, Lenín, Maritza, Janeth, Luisana, Yucelis, Verónica, y Vicenta quienes con su amistad y afecto, me han estimulado y apoyado en el logro de esta importante meta.

En especial a mi amiga y Profesora, Dra. Beatriz Isambergtt, Coordinadora de Investigación y Postgrado UPEL Extensión Académica Maracaibo: Por su amistad, y apoyo incondicional al compartir sus valiosos conocimientos y vasta experiencia en investigación, así como la de haber tenido la delicadeza de construir con tanto cariño el Prólogo de este libro.

A todos y todas muchas gracias por ayudarme, sin su apoyo hubiese sido más complicado alcanzar la tranquilidad y paz en mi alma, generando el gozo y satisfacción espiritual de haber obtenido un nuevo fruto de aporte al conocimiento.

A todos mil gracias y Bendiciones.
Dra.: Everett Fuenmayor Rubio

DEDICATORIA

A la Inteligencia Divina, Dios:
Creador de todo lo visible e invisible, dador de vida y fuente de energía e inspiración de mis luchas y triunfos.

A mis Padres:
Ana Raquel y José Antonio, quienes en su paso por este plano tuvieron la sabiduría de sembrar los principios y valores que rigen mi vida.

A mi Familia:
Motivos de mi existencia, mis amores, orgullo y razones para continuar creciendo.

A mi Patria Venezuela:
Que me ha permitido formarme como persona, y como profesional de la docencia al asumir la hermosa tarea de educar a sus hijos en una interacción socializadora de aprendizajes para interpretar, comprender nuestra realidad socioeducativa, y situarme al servicio de ella.

A la UPEL, la UBA, la UJGH y LUZ:
Instituciones Universitarias que en diferentes momentos de mi vida me albergaron en sus espacios plurales, virtuales y físicos de la sociedad del conocimiento para formarme, al direccionarme hacia el desarrollo laboral, profesional, científico, y personal con el fin de constituirme como parte de una generación de personas productivas para mi país, y la ciencia.

A la Sociedad:
Porque con sus avances científicos y tecnológicos

me ha facilitado la oportunidad de haber consolidado la expresión socializadora, integradora e incluyente del conocimiento que con mucho amor les entrego en este libro.

A todos muchas gracias y Bendiciones.
Dra.: Everett Fuenmayor Rubio

SEMBLANZA DE LA AUTORA

Everett Margarita Fuenmayor Rubio. Egresada como: Licenciada en Educación Mención Biología y Química. Área Biología. Universidad del Zulia (1975). Magister en Gerencia. Mención Sistemas Educativos. Universidad Bicentenaria de Aragua (2000). Diplomado en Formación de Investigadores. Universidad Dr. José Gregorio Hernández (2006). Doctora en Educación. Universidad Pedagógica Experimental Libertador (2018).

Docente con 48 años de experiencia, ocupando cargos académicos y gerenciales en Educación Media. Tutora y Jurado de 52 Trabajos de Grado con Enfoques Cuantitativos. Cualitativos. Multimétodo. Investigación Aplicada, e Investigación Tecnológica. Profesora de Pregrado en: Gerencia. Introducción a la Investigación. Investigación Educativa. Fases (Práctica Profesional). Puericultura Salud y Nutrición. Ciencias Naturales en Preescolar. Ciencia I. Ciencias II. Educación Ambiental, entre otras asignaturas del Área de las Ciencias Naturales. Profesora de Postgrado en: Métodos de Investigación y Estadística. Seminario I. Seminario II. Y Gestión Gerencial e Innovaciones Educativas.

Adscrita al núcleo de Investigación Dr. Fernando Ferrer en la Línea de Investigación: *Capacidad Innovadora en Educación*. Bajo la temática: *Desarrollo y Crecimiento personal como alternativa de cambio e innovación en el auto-aprendizaje*. Autora de: Propuesta de capacitación para Directores y Subdirectores en los Módulos de Evaluación del Desempeño. Procesos Administrativos. Solución de problemas aplicando modelos gerenciales. Integración de las Escuelas y la Comunidad. (1997), ZEZ. Propuesta para el Desarrollo Curricular en la Educación Básica: en la Educación Indígena (Versión Preliminar). (1997), ZEZ.

Autora del Manual Teórico Práctico Metodología de la Investigación I. (1999), PROEDUCA. Comportamiento en la Toma de Decisiones del Gerente Educativo Regional, Planificación Curricular en Educación Especial y Desarrollo Integral de los Niños Sobredotados, en el nivel de Educación Básica en la región zuliana. Trabajo de Grado de Maestría. (1997- 2000), UBA. Instrumento para Evaluar y Analizar Trabajos de Grado, con perspectiva cuantitativa (2002), UPEL. Propuesta Educativa para los Niños Sobredotados del estado Zulia. (2005, sin editar). Análisis Crítico del Concepto de Conocimiento según Miguel Martínez (2015), UPEL Interpretando el Pensamiento Complejo de Morín para la Educación del Siglo XXI (2015), UPEL.

Conferencia: Mirada Transformadora de la Información en Aprendizaje (2015).UPEL. Artículos: Lugar de la Teoría en la Investigación Cualitativa. Instrumentalismo dominante en las ciencias antroposociales. Alternativas Creativas. (2016), UPEL. Multimétodo. Visión Paradigmática Integradora en la Investigación Educativa. Revista CICAG Vol. 15 Núm. 1 (2017) Septiembre 2017- Febrero 2018.

http://ojs.urbe.edu/index.php/cicag. Gestión del aprendizaje para la Autosanación. Un acercamiento a la Espiritualidad subyacente del ser humano. (2015-2018). Tesis Doctoral. UPEL. Publicada como Libro por: PUBLICIA (2019). Conferencia: Procesos neurofisiológicos para consolidar el aprendizaje. Universidad Grendal Inc. (2020). Programa de Metodología para la Maestría en: Tributación Internacional y Comercio Exterior. Universidad Grendal Inc. (2020). Foro chat: Enfoque Mixto. Nueva orientación investigativa en el Multiverso. UPEL Extensión Académica Paraguaná (marzo de 2021). Libro: Multimétodo. Alternativa de investigación en un mundo complejo. (Abril de 2021). Sin editar.

PRÓLOGO

Los procesos de cambios y las transformaciones vertiginosas que se vienen dando en la sociedad actual, conllevan a adoptar en la investigación un enfoque específico, sin embargo el paso de la modernidad a la postmodernidad, está impregnado de cambios paradigmáticos que han recobrado la antigua discordia entre lo metodológico cuantitativo y lo cualitativo, no como entes separados sino como enfoques que se complementan e integran para utilizar las bondades que cada uno aporta a la investigación.

Además al tomar en consideración que toda producción de conocimiento se encuentra adscrita a líneas de investigación, que pudieran estar insertadas en uno u otro paradigma, determina en general la perspectiva cuantitativa o cualitativa por asumir y en consecuencia, el método o métodos por los que se guía la investigación.

Ahora bien en la investigación la posición que asumen los investigadores debe ser flexible, indagadora, adaptable al momento de abordar un problema, teniendo presente por una parte: la perspectiva cualitativa dependiente del paradigma empleado y su conexión con la información generadora de teoría; y por otra, los datos cuantitativos, con conceptos operacionales en los cuales se requiere contrastar teorías.

Sin embargo, existen investigaciones que por sus características no encuentran respuestas satisfactorias con alguno de dichas perspectivas por separado, y en la búsqueda de soluciones recurren a ambos métodos; porque no se corresponde en todo momento con una u otro, lo cual conlleva a posibilitar la integración, para tener una visión de conjunto del fenómeno o problema, haciendo necesaria la complementariedad multimetódica o mixta con ambos.

Este libro sobre el "*Multimétodo. Alternativa de investigación en un Mundo Complejo*", ofrece los elementos para explicar la realidad desde dos perspectivas, punto de vista, óptica o abordaje, produciendo una significativa riqueza al conocimiento obtenido, e integrando la percepción de la realidad, la superación de la fragmentación del saber, y la necesidad de algunos investigadores, por enfocarla desde otros ángulos, como el de analizar la diversidad de lo real.

El considerar estas dos perspectivas como alternativa en la investigación, trabajando con criterios de integración; trata de afianzar los procedimientos utilizados para producir y validar el conocimiento científico, en las diferentes etapas del proceso, siendo éstas la concepción de la misma, la elaboración de las preguntas o intenciones investigativas, el levantamiento de la información, su análisis y finalmente la interpretación de los resultados.

Al redactar un libro dirigido a los estudiantes de postgrado y a nóveles investigadores con el fin de ofrecerles apoyo en sus procesos de aprendizaje en su quehacer bajo este enfoque, se les brinda la posibilidad de conocer una nueva orientación investigativa en el Multiverso que habitamos, caracterizado por su complejidad, en el cual los diferentes componentes están interconectados, y donde se presentan variadas manifestaciones producto de la creación de nuestros pensamientos y acciones. La autora además les ofrece tanto a la academia, como a la sociedad de investigadores, un verdadero y generoso acto de solidaridad, como profesional de la docencia en una interacción socializadora de aprendizajes para interpretar, comprender nuestra realidad socioeducativa, al situarse al servicio de ella.

Además, en el desarrollo de este interesante libro se percibe el acopio de la experiencia, afianzada en la dedicación al estudio y el hacer sistemático de su profesión, constituyendo una apreciable aportación a la ciencia y a la academia, al ser un estímulo a impulsar el deseo de investigar en temáticas con el Multimétodo, siendo una referencia que posibilita la investigación con este enfoque, al encontrar en ella la oportunidad de adquirir los beneficios de un aprendizaje novedoso en el enriquecimiento de la generación de saberes y haceres.

Considero que el trabajo de la autora en la redacción de este libro es de apreciable valía profesional para quienes emprenden el desarrollo de la investigación con Multimétodo, en sus trabajos de Grado, y Tesis doctorales, al igual que a los docentes tutores de investigación bajo esta orientación, al representar un sólido apoyo para su rol; así como a otros profesionales e investigadores que lo consulten. Mis felicitaciones a la Dra. Everett Fuenmayor Rubio, y a sus colaboradores.

Dra. Beatriz Isambergtt Uzcátegui
Coordinadora de Investigación y Postgrado
UPEL Extensión Académica Maracaibo

PRELUDIO

Con el pasar del tiempo se han generado en la investigación científica grandes cambios que ocasionan significativas diferencias en la forma de emprender el objeto de estudio. En ese devenir, en la historia y en la evolución de la investigación, podemos observar como ésta se encuentra seccionada en etapas demarcadas por amplias perspectivas, las cuales, han conducido al desarrollo de disímiles tendencias metodológicas que admiten afrontarlas de distintas maneras, ellas son la cuantitativa, la cualitativa, así como la tecnológica y la aplicada, entre otras.

La educación, al igual que el trabajo, erigen uno de los pilares fundamentales para conseguir el mejoramiento de la calidad de vida en la sociedad, que a su vez es parte de un mundo identificado por la complejidad, y la incertidumbre en el cual, no todos sus problemas pueden resolverse desde la óptica del pensamiento conservador que ha sustentado la ciencia hasta nuestros días.

Por lo tanto, se exige una nueva visión ajustada a esa realidad compleja dotada de otras sapiencias para su acometida por medio de la investigación, en efecto es poco lo que se conseguiría al mantener una visión lineal, reduccionista, desintegradora, acumuladora de conocimientos descontextualizados, debido al empleo del método de las ciencias naturales en las ciencias sociales. Una visión aislada, cuya perspectiva no puede informar de las realidades interconectadas, susceptibles de rápidos y grandes cambios holista al igual que complejos del quehacer investigativo; en contraste, tal separación debe ser superada por una visión amplia, de mente abierta capaz de reconfigurar la forma de pensar y de hacer ciencia.

Sin embargo, los procesos de cambios y las expeditas transformaciones que se vienen dando en la sociedad actual, conllevan a adoptar en ocasiones actitudes no enmarcadas en uno de estas formas de abordaje en específico, siendo el Multimétodo una alternativa de investigación, que logra mantener la legitimidad científica al integrar lo cualitativo con lo cuantitativo; consolidado en la conjunción metodológica demandada por la necesidad de dar respuestas a problemas en un mundo complejo, impregnado de cambios paradigmáticos que han recobrado la antigua discordia metodológica entre ambos; aunque al referirme a éstos, no les confiere exclusividad, puesto que existen otras que pueden ser admisibles.

Se presenta una hermenéutica, apoyada en la conjunción metodológica necesaria en la investigación, teniendo su fundamentación, en la precisión presente en la Filosofía de la Ciencia, de las Ciencias Sociales y de las discusiones epistémicas desde la raíz de la Sociología. Ya en la década de los años 60 del siglo XX, se profundizaron estas discusiones, siendo urgente señalar que la convergencia de las metodologías, va más allá de las diferencias presentadas en su manera de acopiar, obtener e interpretar los testimonios o datos; dado que el estado del asunto subyace, en la naturaleza y propósitos del estudio.

Desde este posicionamiento se percibe el hecho como un argumento con sólo diferencias técnicas, a lo cual Reichardt, C.S. y Cook, T.D. (1977), expresan que las técnicas y los caracteres de un paradigma, no están vinculados con exclusividad a las perspectivas cualitativas y cuantitativas, ni a sus métodos. Como tampoco a otras de manera excepcional señala la autora. Por lo cual, desde esta configuración, la discusión anticipa argumentos de ajuste al objeto de estudio, centralizado en considerar las diferencias, como disconformidades de objeto que requieren de metodologías diversas, convergiendo en el punto común de emprender la investigación de un problema determinado, para darle solución.

Ante esta actitud, se demanda según Alvira, F. (1983), una posición investigadora flexible, indagadora y adaptable al momento de abordar un problema, teniendo presente por una parte: la perspectiva cualitativa dependiente del paradigma sociológico empleado. Por otra, la falta de conexión lógica necesaria entre datos cualitativos, conceptos sensibilizantes así como generadores de teoría; al igual que no existe un enlace sensato forzoso entre datos cuantitativos, conceptos operacionales, y contrastación de teorías. De la misma manera, se debe considerar que toda producción de conocimiento a nivel de postgrado se encuentra adscrita a una línea de investigación inserta en un paradigma, el cual, determina en general la orientación y en consecuencia el método o métodos por los que se direcciona la investigación. En forma amplia puede decirse se aproximan a las perspectiva cuantitativa o a las cualitativas, aunque no con distinción por alguna en particular, porque si fuese necesario, de igual manera podrían integrarse otras tales como la investigación tecnológica, y la aplicada, debido a que lo importante no es el enfoque en sí, ni la perspectiva, sino las soluciones al problema enfrentado.

No obstante, existen investigaciones que por sus características no encuentran respuestas satisfactorias con alguna de dichas perspectivas por separado, y en busca de soluciones recurren a diversos métodos; esto ha creado ciertas controversias entre quienes las defienden, al perder de vista que la realidad en un mundo complejo como este, no se corresponde en todo momento con una u otras formas de emprendimiento, por sus limitaciones; por el contrario, exige posibilitar la integración, y es por eso que al querer tener una visión de conjunto del fenómeno o problema, de sus diferentes aspectos o circunstancias, se hace necesaria la complementariedad multimetódica o mixta.

Pese a la posición enunciada, se debe tener claro que la integración metodológica no representa la panacea de las alternativas, así como no puede aplicarse a todas las investigaciones, debido a que también presenta sus dificultades, referida por una parte a la naturaleza del objeto de estudio y limitación de los recursos; y por otra, a la especificidad de los fenómenos a los cuales los diferentes métodos, técnicas e instrumentos son sensibles.

En otro orden de ideas, las situaciones actuales que se enfrentan a nivel mundial con la aparición del Covid 19, exige el posicionamiento de una mente abierta a los cambios e incertidumbres que nos lleven a enfrentar las realidades de lo que se ha denominado pandemia al producir consecuencias para las cuales la población mundial no está preparada, pero igual estamos soportando, por lo que se requiere realizar muchas investigaciones en todas las áreas del conocimiento, en busca de dar soluciones a los múltiples problemas que se han generado.

Por éstas razones considero al Multimétodo una alternativa que hace posible el abordaje de las investigaciones con varios perspectivas metodológicas para la solución de problemas en un mundo complejo, que con la presencia de esta enfermedad ha traído tiempos de galimatías planetaria al ocasionar la muerte de gran número de personas a nivel de todo el globo terráqueo, y trastornado los hábitos, costumbres, planes, proyectos, trabajos, estilos de vida, políticas, e incluso el modo de conducirnos en el ámbito comunitario, dentro de nuestra propia casa, y en familia, al vernos obligados a un aislamiento social para tratar de preservar la salud e incluso la vida.

El libro quedó estructurado en tres capítulos, *en el primero*: les presento un Análisis del Concepto de Conocimiento. Ausencia antagónica entre la perspectiva cuantitativa y la cualitativa. Enfoques para emprender la realidad en estudio. Coherencia paradigmática y sus implicaciones en la investigación.

En el segundo: Estructura Sustantiva. Características del Multimétodo y logros con su uso. Legalidad Científica de la Integración Metodológica. Metáfora de la Doble Pirámide. Estrategias y Aplicación de la Integración Metodológica. Diseño Multimétodo en la Investigación. Procedimientos con Multimétodo. Componentes de los Procedimientos. Naturaleza de la Investigación. Tipos de Estrategias. Disposición u Orden. Prelación o Prioridad. Integración o Unificación. Perspectiva Teórica. Estrategias Concurrentes de Triangulación. Estrategias Anidadas. Estrategias Concurrentes Transformadoras. Procedimientos de análisis y validez con Multimétodo. Y por último las Ventajas y desventajas del Multimétodo.

En el tercero: Pensamiento Complejo y Educación. Retos para el Siglo XXI. Epistemología del Pensamiento Complejo. Transdisciplinariedad y Filosofía Integral. Responsabilidad de las Instituciones Universitarias en tiempos de galimatías planetarios. Por último unas Reflexiones Finales. Y las Referencias.

Metodología

En este libro los contenidos se desarrollan a partir de los criterios de la metodología hermenéutica documental. La perspectiva metodológica empleada, ayudó a diseñarlo desde la revisión bibliográfica, y hemerográfica de textos y revistas sobre el Multimétodo como alternativa de Investigación en un mundo complejo, aportado por los conocimientos de autores de alto prestigio como investigadores, tales como: Wilber, K. (1991). Ruiz, C. (2008). Hernández, R., Fernández, C., y Baptista, P. (2010). Morse, J. (2010). Sandín, M. (2003). Bericat, E. (1998). Schavino, N. y Villegas C. (2010), Martínez, M. (1997, 2006, 2011, y 2012). Méndez, E. (2003). Morín, E. (1994, 1999, y 2004). Villalobos, J. V. (2013), Fuenmayor, E. y Bittar, O. (2017). Fuenmayor, E. y Hernández A. (2015). Entre otros.

CAPÍTULO I: CONCEPTO DE CONOCIMIENTO

Análisis del Concepto de Conocimiento

Hoy sabemos que vivimos en un Multiverso en el cual se encuentra la Galaxia en la que está ubicado este planeta, un mundo donde los diferentes fenómenos sociales, ambientales, físicos, biológicos, psicológicos y espirituales entre otros, se encuentran interrelacionados, requiriendo de una metamorfosis fundamental del concepto de conocimiento que admita una diferente idea de racionalidad científica en un nuevo paradigma. Es indiscutible que tener dominio de los procesos de conocer, aprender, utilizar y revelar el discernimiento, provee al Ser humano de la satisfacción o plenitud que proporciona el sentirse seguro de su saber.

Sin embargo, es trascendente tener la potestad de estar al corriente de cómo logramos ese conocimiento, por medio de quién lo obtuvimos, de donde emanó, cómo se cimentó en el acervo cultural que poseemos, así como, por qué nos concierne apropiarnos de uno determinado y no de otro. Todo esto es importante, para que el lector antes de adentrarse en el próximo capítulo tome en cuenta que para llegar a la comprensión y obtener ese conocimiento, tenemos que pasar por varios procesos mentales que muchas veces nos exige desaprender, reordenar, para luego aprehender, haciendo ajustes en el que se poseía.

En ese sentido, es la Epistemología como disciplina filosófica, quien nos ofrece la oportunidad de profundizar en la génesis de estos asuntos cognitivos y de la forma como se interrelacionan, logrados por medio de un complejo proceso de análisis reflexivo y crítico, que nos lleva a cuestionarnos para dar respuestas a dichos requerimientos, con el fin de construir el conocimiento, descifrarlo, comprenderlo, así como explicarlo, desde la configuración de la misma Epistemología.

A partir de esa configuración, haré el análisis de este concepto desde la construcción lingüística de Merleau-Ponty, en 1976, (citado por Martínez, M. 1997), quien señala que conocer es siempre aprehender un *dato* en una cierta *función*, bajo una innegable *relación*, en tanto *significa* algo en el *contexto* de una misma *estructura*. El acto de conocer, no pertenece al orden de los hechos en sí; sino a la toma de posesión de los mismos, es una *recreación* o repetición interior de la imagen mental; debido a que no es el ojo, ni el cerebro, como tampoco la psiquis del observador los que pueden cumplir el acto de visión. Se trata de una inspección del espíritu en el cual los hechos, al mismo tiempo que vividos en su realidad, son percibidos por sus sentidos.

Concepto al cual pretendo realizar un análisis del conocimiento, en el ánimo de comprenderlo desde el entramado de las raíces del discernimiento del mismo; razón por la cual considero importante indagar primero, el origen de este concepto antes de adentrarme en él, puesto que no se puede conocer en profundidad un hecho, un fenómeno o un concepto, si no se conocen sus cimientos, su historia o su génesis, por lo que me permito entrar de inmediato en ese análisis.

Al respecto, transpolando a Wilber, K. (1991), es significativo tomar en cuenta que desde inicios del siglo XX, los estudios sobre física cuántica colocaron en jaque muchas concepciones de diferentes índoles, establecidas hasta esos momentos, así los descubrimientos de *Einstein* sobre la *Teoría de la Relatividad*, en los cuales se relativiza los parámetros espacio y tiempo, demostraron en los conocimientos la ausencia de su condición de ser absolutos, por cuanto dependen del observador; tal situación trajo cambios profundos al derribar gran parte de éstos, expuestos por la física newtoniana.

Así también, los aportes de *Heisemberg*, al establecer el *Principio de Incertidumbre*, arrasa con el de causalidad, porque el observador modifica la realidad que estudia al afectarla y cambiarla; lo cual a mi entender cuestionaría los estudios que consideran las causas como factores determinantes de un fenómeno, aunque influyan en éste, debido que nuestra presencia estaría alterando las condiciones iniciales.

A este carácter se añade, las contribuciones de *Pauli* al formular su *Principio de Exclusión,* expresando que en un átomo no puede haber dos electrones con los cuatro números cuánticos iguales; del cual emana el descubrimiento de la existencia de Leyes Sistémicas no derivadas de aquellas que rigen sus componentes, conocimientos que permiten concebir los hechos o fenómenos desde sus propias características, aportándonos nuevas explicaciones proporcionadas de niveles superiores de organización. Los desvelamientos de *Niels Bohr*, al implantar el *Principio de Complementariedad*, en el cual expone, que pueden existir dos explicaciones opuestas para un mismo fenómeno físico, y por generalización, es posible, para los demás.

En ese orden de ideas, las revelaciones y descubrimientos de *Max Planck, Schrödinger u otros*, al explicar desde la *Mecánica Cuántica*, un conjunto de relaciones que rigen el mundo subatómico, análogos a los inventos realizados por *Newton* para los grandes cuerpos, en los cuales expresa que la nueva *Física* requiere estudiar la naturaleza de numerosos fenómenos inobservables, debido a que el conocimiento de la realidad tiene cualidades muy alejadas de la experiencia sensorial directa.

Por otra parte, la necesidad de integrar los conocimientos en un Paradigma holista, señalado como perfiló *Bertalanffy* en su *Teoría Sistémica*, surge para dar una explicación a los hechos vitales de la realidad con sentido premeditado de universalidad, planteando mediante ella la *organicidad compleja* de los fenómenos al mantener las interrelaciones de los subsistemas componentes, así como de éstos con el medio circundante, partiendo del macro sistema hasta llegar a los microsistemas.

En este asunto la importancia radica que en la actividad práctica la construcción del conocimiento exige pensar con todo el cerebro y más, para lograr expresar sus potencialidades al llevarnos a entender desde el *Ser* el mundo donde vivimos, cuyas características, hacen que todos los hechos sean mutuamente interdependientes; no consiste solo en percibirlos, sino en ver más allá de lo aparente al indagar en profundidad por medio de ellos su significado, magnitud, y trascendencia de las explicaciones; como lo enuncia Villalobos; J.V. (2010), cuando menciona que cualquiera sea el conocimiento, requiere de la consistencia paradigmática, de un enfoque holista, porque de no ser así, estaríamos ante una simple construcción lingüística sin significado.

Tal como expresa Martínez, M. (2012: 29), en "un conocimiento de algo, sin referencia y ubicación en un estatuto epistemológico que le dé sentido y proyección, queda huérfano y resulta ininteligible; es decir, que ni siquiera sería conocimiento". De allí surge la concepción del autor, que en el presente análisis procuro profundizar.

Al adentrarnos en este concepto, se aprecia que para apropiarse del conocimiento se demanda emprender desde un referente o estructuras cognoscitivas preconcebidas que le permita al ser humano, establecer relaciones en una disposición participativa con su mundo de vida personal, partiendo del concepto de ciencia en el contexto temporal actual. En ese sentido, se reseña un conocimiento de acuerdo con Kónigsberg, (citado por Villalobos J. V. S/F), promovido desde una conformación interactiva entre objeto y sujeto, entre *sensibilidad* y *entendimiento*.

Desde esa representación, *aprehender* un dato, requiere del ser humano establecer una nueva concepción del mundo, trasmitida con mayor énfasis desde su *cosmo-*

visión, entendida ésta, como el conjunto de opiniones y creencias que conforman la imagen o concepto general del mundo concebido por una persona, lo cual, le va a permitir adaptar el conocimiento en función de sus referentes, en vez de hacerlo por la aplicación de la logicidad de un carácter, símbolo, pensamiento o idea del objeto, presentado bajo la apariencia de un enunciado lógico, del investigador.

Asimismo, la esencia del vocablo *aprehensión,* se circunscribe a la formulación de concepciones mundiales surgidas de significaciones explicadas desde una descripción de los hechos en un contexto determinado, por medio de la expresión lingüística; lo cual exterioriza que todas los pensamientos e ideas reveladas mediante el intelecto del ser humano tiene un conjunto de implicaciones epistemológicas en la medida que pretende expresar con rigor científico un entorno adyacente complejo. En consecuencia, corresponde a la Epistemología encontrar las explicaciones lógicas para aproximarnos a conciliar el pensamiento con nuestras configuraciones de conocimiento, partiendo desde la cosmovisión para vislumbrar al mundo como lo visionamos.

Así también, en el concepto esencia de análisis, el autor expresa la idea de conocimiento desde la relación con el episteme subyacente, lo que lleva a la Epistemología contemporánea hacia un re-direccionamiento en busca de explicar por medio de la razón dicho conocimiento en interacción con el entorno, porque si se pretende encontrar el mismo desde la comprensión de la verdad de los fenómenos que nos rodean, no basta establecer una adecuación entre sujeto y objeto, puesto que éste como tal ejerce funciones sobre el primero partiendo de sus relaciones, así como de la estructura que lo conforman en su naturaleza.

En este sentido, la *aprehensión de un dato,* no podrá realizarse en el sujeto en interacción con su entorno, mientras no consiga comprender la función que desempeña en su entramado epistémico, estimado de acuerdo con Villalobos, J.V. (Ob. Cit.), como fundamento de su organización en el nuevo conocimiento. Es decir, *conocer consiste en establecer vínculos para posesionarse de lo aprehendido al abrir las fronteras del entendimiento y comprensión humano,* lo cual es la esencia en el análisis del concepto que nos atañe.

Ahora bien, para alcanzar el discernimiento de la realidad, se hace necesario que la episteme contemporánea, rehaga sus fundamentos a partir de la superación del concepto de adecuación de la verdad, la cual, en el concepto que nos concierne, viene expresada para el objeto, por la función que efectúa, tanto del objeto respecto del sujeto, como del objeto con relación al contexto donde interactúa, y aún más allá, al crear el mundo de relaciones en el que se entrelaza dicho objeto de conocimiento, en un entramado real, no como parte de un mundo dividido en parcelas para su estudio; lo que involucra fundar una red entre la comprensión, el objeto conocido o por conocer, al igual que con el mundo real en su contexto; debido a la interrelación constante entre ellos, así como a la percepción que tenga desde su *Ser* el observador.

En el análisis en cuestión, conocer involucra conformar sus dimensiones ontológicas, así como de adecuar su integración a la idea de sistema complejo dentro de la cual se entrelaza su dinámica relacional. Sobre la base de lo expuesto, el investigador no se puede apropiar del conocimiento mientras lo considere parcelado, pues en caso de hacerlo, solo estaría percibiendo una porción muy pequeña de la verdad, porque como expresa Morín (1996), tanto la realidad como el pensamiento, y el conocimiento son complejos; en consecuencia, se requiere valerse de la complejidad y razonar sobre el mundo para aproximarse a comprenderlo, estudiando el fenómeno en una disertación de los hechos desde el todo o todo múltiple, así como de y desde las partes. Es decir, comenzando con el entramado de la realidad donde se presenta.

Al respecto, para lograr el conocimiento, el ser humano discierne sobre las diferentes dimensiones de la realidad hasta aproximarse o posesionarse de la misma, en sus distintos niveles, estructuras y naturaleza, así, a partir de un hecho, asciende hasta ubicarlo en un contexto más complejo en búsqueda de ver su función, naturaleza aparente o relativa, su génesis, finalidad con otros entes, su estructura elemental, con todas las interrelaciones e implicaciones que resulten. Dicha complejidad de la realidad, que es objeto de conocimiento, establecerá disímiles maneras de apropiación, las cuales proveerán los diversos niveles y sus dimensiones sobre la base de la comprensión del mismo, así como de su posicionamiento.

Por lo antes expuesto, se cree que el pensamiento complejo es por encima de todo, una reflexión que relaciona, tal como expresa Morín (Ob. Cit.), el significado más próximo al término complexus, (lo tejido en conjunto). Todo lo contrario a lo referido en el pensamiento tradicional, en el que se fragmenta el campo del conocimiento en disciplinas individualizadas y clasificadas para estudiarlas, mientras que el pensamiento complejo es integrado e integrador.

En consecuencia, a medida que nos adentramos en la comprensión del conocimiento, emanan mayor número de discusiones filosóficas que conciben el mundo constituido por una realidad tan compleja, que pareciera nos quedamos limitados para expresar de forma lingüística los aspectos inconmensurables que lo integran, no por la ausencia de método, sino porque somos como expresa Chopra (citado por Wilber Ob. Cit.), participantes de un universo creado de consciencia, al ser creación y creadores continuadores del campo de Energía Consciente; lo que significa que el universo físico no posee cualidades ni atributos, en ausencia de un observador consciente.

En ese orden de ideas, existen caracteres asignados al mundo físico, que solo están en la consciencia de quien observa el fenómeno, tal como el color asignado a un objeto, que no es inherente a esa realidad, puesto que en todo caso lo observado es solo el reflejo del color del espectro de la luz, que no está siendo absorbida por ese objeto. Como es el caso de las hojas de las plantas verdes cuya clorofila refleja el color de la frecuencia vibratoria de dicho color en el espectro luminoso, por absorber todos los demás excepto el verde, que es el que refleja, y por lo tanto el que percibimos.

Somos integrantes de un mundo cada vez más incomprensible para explicar de forma aislada los fenómenos con rigor científico. Esta situación, le crea a la ciencia un absurdo o paradoja, tal como lo expresa Villalobos, J.V. (Ob. Cit.), al tratar de conocer aquello que no puede entender en su mundo relacional, al aplicar métodos en el cual se aísla el objeto de estudio.

Por las razones antes expuestas, las epistemes tradicionales van siendo sustituidas por otras nuevas, en las cuales, el mundo y los significados que se le asignan a las estructuras que lo constituyen, van incrementando su complejidad, surgiendo verdades mejor articuladas, coherentes al igual que consistentes a la luz de la ciencia; sin embargo, aún se hace inaccesible todos los matices requeridos para llegar a crear el entramado completo de las variables y temáticas, germinando a la luz de las discusiones sobre el episteme emergente.

Durante mucho tiempo, arraigados en el positivismo consideramos que el conocimiento así como el mundo de vida estaba entregado, y de ello fue conteste la filosofía moderna según la cual el entendimiento humano es solo una parte distanciada del mundo real vivido, de lo que se percibe que éste concurre antes de la propia existencia. No obstante, ella ha ido transitando un nuevo camino hacia la idea de un mundo sistémico, en el cual todos sus elementos se encuentran unidos en una red constituida de materia y energía. En consecuencia no hay un conocimiento preexistente; debido a que éste se produce por las interacciones entre el cerebro, el contexto, u otros elementos, así como el efecto de leyes físicas que en algunos casos no se conocen todavía, o no se han difundido.

Bajo esta nueva óptica expresa Morín (2006), que en la realidad se forma un bucle entre el sujeto que hace al objeto, y el objeto que hace al sujeto; en una auto-implicación de ambos, de tal manera se hace imposible concebir uno sin el otro. En dicha realidad, el conocimiento es generado por el cerebro que está en el cuerpo del espíritu que lo induce, formando como especie de un bucle originario para la producción del conocimiento humano, en otras palabras, es el conocimiento del conocimiento, actuando como fundamentos al hacer del hombre un ser *superior en la escala biológica;* no por la riqueza de su información sensorial, sino por la capacidad de relacionar, interpretar y teorizar con dicha información.

Es el hombre visto desde una condición compleja al entender el origen del conocimiento y su comprensión, por lo cual, las configuraciones de seguridad comenzarían a partir de las capacidades desplegadas para constituir el marco de los sistemas que desde lo ontológico se estructuran en nuestro Multiverso. Por todo lo antes expuesto, en concordancia con Merleau-Ponty en 1976, con Morín en 2006, con Villalobos en 2010, y con Martínez en 2012, el garante del conocimiento, es el *Espíritu que induce al Alma,* anclada en nuestro cuerpo, y junto con el cerebro como órgano capaz de pensar por medio de la inteligencia, los que conforman un bloque cognoscente con el entorno; siendo el *Espíritu–Alma* el aspecto intangible que reconoce al propiciar la energía vital de todo lo existente.

Por lo tanto, el cerebro con su inteligencia y el Espíritu-Alma, unidos son los que conforman un vínculo de mancomunidad fusionados de tal manera que no es posible escindirlos, en cuyo entorno giran posiciones del mundo, del hombre, así como del conocimiento, razón por la cual Morín, (Ob. Cit.), los percibe en cierto sentido, como dos aspectos de lo mismo que no puede concebirse el uno sin el otro, para realizar un proceso de ordenamiento y reajuste de dicho conocimiento en una sinergia conformadora de complejidades dimensionales, que sólo es posible resolver al descubrir la esencia del mismo, haciendo posible revelar todas sus implicaciones.

Ausencia antagónica entre la perspectiva cuantitativa y la cualitativa

El antagonismo entre las perspectivas cuantitativa y cualitativa se viene presentando por la forma metodológica como se asume la realidad investigativa, así como por el posicionamiento convergente con la Filosofía positivista, o por la coherencia con el paradigma naturalista, con el fin de lograr su hegemonía a nivel epistemológico e institucional; el primero supone la legitimidad del conocimiento si es explicado de manera científica por medio de la experimentación, al considerarlo como el único método certero de investigación, al extremo de llamarlo científico, como si los otros dejaran de serlo.

Mientras el segundo emplea el fenomenológico, u otros, para narrar los hechos percibidos como fenómenos de la consciencia, surgiendo desde la subjetividad con el fin de clarificarlos, pero por provenir desde ese nivel de indagación de la mente posee la característica primordial de la intencionalidad, en su búsqueda.

Al respecto plantea Méndez, E. (2003); desde las dos últimas décadas del siglo XX, se ha venido presentando una polémica entre ambas perspectivas, pero resulta que las ciencias sociales al esclarecer los fenómenos por medio de los datos, los encuentran no homogéneos, ni regulares, y ofrecen mediante la comprensión e interpretación los significados contextuales e históricos de los problemas que se estudian en ella.

Tal situación se percibe en Dilthey en 1883, al concebir la necesidad de crear una estructura sustantiva pertinente para las ciencias humanas, con el fin de no repetir la de las ciencias naturales, porque las réplicas de Comte (positivista), y de Stuart Mill (empirista), a la fundamentación de las ciencias del espíritu, escindían la realidad histórica ajustándolas a los conceptos y métodos de éstas. Así como, en Weber en 1922, cuando planteó la investigación cualitativa con su teoría de la acción social.

No obstante, la dicotomía entre el paradigma moderno con sus explicaciones, y los postmodernos con la comprensión como objetivo general, pueden aproximarse como lo señala Koswelleck, R. y Gadamer, H. (1997), debido a que tal separación se presenta en el investigador, porque desde el plano ontológico la realidad es una unidad, por lo tanto no es cuantitativa ni cualitativa, pero tampoco es estructural ni subjetiva. Asimismo para Méndez, E. (Ob. Cit.), la convergencia debe plantearse accediendo a un postulado epistemológico gnoseológico simultáneo como el principio holista, al emprender diferentes dimensiones de la misma realidad ubicando en la problemática al hombre en su mundo de vida, subjetividad y estructuras socio-históricas. Razón por la cual puede decirse que dicha división sólo se encuentra en la mente humana.

En otros términos es asumir una posición pragmática, como ha ocurrido en otros campos del saber teórico y práctico, en búsqueda de una salida armónica. Porque en parte es cierto que durante mucho tiempo el *objetivismo,* nos brindó la posibilidad de obtener conocimiento al descansar en la naturaleza del proceso de conocer, pero eso no es un indicador de ser una verdad absoluta. Así como, no podemos descartar en su totalidad la relatividad de la teoría *Racionalista cualitativa,* puesto que es obvio que ella por medio de su argumentación, triangulación, credibilidad, confirmabilidad, u otros; se encuentra vinculada a la sucesión histórica de la evolución cultural.

Ejemplo de ello lo observamos en la Física newtoniana, y la Física cuántica, u otras, en las cuales han existido posiciones teóricas que parecieran ser *antagónicas,* no obstante cuando se analizan se percibe la solidez de sus conceptos básicos; la problemática surge de la incapacidad mental del ser humano para adoptar dos enfoques de forma unánime, que en el transcurrir del tiempo se demuestra son *complementarios*, al darnos la posibilidad de percibir el fenómeno de estudio desde dos perspectivas que nos amplían la visión del hecho en cuestión.

Es por ello prudente según Martínez, M. (1997), impulsarnos a ir más allá del simple objetivismo y relativismo, hacia una nueva sensibilidad y universalidad del discurso. Racionalidad que emerge con tendencia a integrar de forma dialéctica las dimensiones empíricas, interpretativas e incluso la crítica, en una orientación teorética dirigida hacia la actividad práctica, con propensión a la integración de ideas cuantificables, así como, de pensamiento reflexivo, como lo expresaba Heidegger, un proceso dialógico en el sentido de ser el fruto de la asociación de dos lógicas, con diferentes procedimientos.

Así también Hurtado, J. (2008), nos plantea la necesidad de trascender hacia una visión ecléctica e integradora, porque tanto las investigaciones que señalan datos numéricos como aquellas que optan por los verbales con sus respectivos métodos, no establecen posiciones opuestas, excluyentes ni enfrentadas, por el contrario ellas forman un continuo dentro del proceso de investigación, en la cual cada una busca un tipo de conocimiento en particular, y para ello se vale del método que le permite lograrlo; en última instancia en un proceso investigativo complejo el investigador puede recurrir a métodos y técnicas diferentes, e incluso referirse a modelos epistémicos disímiles, sin contradecirse desde el punto de vista metodológico, ni filosófico, siempre que se realice el procedimiento correcto, como lo concibo.

Otro matiz de la supuesta diatriba entre ambas perspectivas se encuentra en ingenuas interrogantes, tales como: ¿cuál de las dos tiene mayor efectividad en el momento de la búsqueda y recolección de los datos?, y si ¿los resultados obtenidos con diferentes métodos serán similares, medianamente cercanos, diferentes, o si afectan la investigación?; no tomando en consideración que cada una es totalmente diferente en cuanto a soporte filosófico, métodos, procedimientos, técnicas, instrumentos, u otros, durante el evento investigativo, por lo tanto las evidencias van a ser diferentes, unas serán resultados numéricos y otros serán interpretativos, más no por ello dejan de ser complementarios en sus posibles análisis.

Es importante destacar que la certeza del conocimiento básico adquirido por el hombre, apoyado sobre sólidos fundamentos, al llegar a las conclusiones de una observación sistemática, así como de un razonamiento estable, aunque hayan sido logrados por vías diferentes; se pueden integrar en busca de un todo coherente y lógico que nos permita encontrar las respuestas al hecho investigado.

Asumido con este perfil, los nóveles investigadores más allá de percibir una disputa entre ambas perspectivas, deben explorar nuevos contextos que les proporcionen la aproximación tanto a la explicación como a la comprensión de los hechos, partiendo de la integración de métodos, con el fin de traspasar las fronteras de la ciencia, al trascender los prejuicios para dar paso a nuevas concepciones de la realidad, logrando percibirla de manera exhaustiva en su cosmovisión, abstracción, y conceptualización, acordes con la entorno de un Multiverso constituido por múltiples sistemas con alto nivel de complejidad, con elementos mutuamente interconectados, que requiere ser estudiados manteniendo la coherencia lógica y sistémica de un todo mezclado, para dar respuestas certeras al fenómeno investigado.

Enfoques para emprender la realidad en estudio

En el devenir de la historia de la ciencia han surgido varias corrientes de pensamiento como el empirismo, el materialismo dialéctico, el positivismo, la fenomenología, el estructuralismo; al igual que diversos marcos interpretativos, como la etnografía y el constructivismo, entre otros, que han generado diferentes vías en búsqueda del conocimiento. Cualquiera sea la investigación, comienza entonces con la selección del problema a investigar.

Al respecto la motivación sobre un determinado tópico puede surgir de la experiencia profesional, de algunas situaciones teóricas que estimulen la mente curiosa del investigador; de su experiencia personal, de sus declaraciones y percepciones acerca de la realidad. Dado el carácter explicativo, inductivo, y exploratorio, la problemática inicial puede pasar de un extremo a otro durante el proceso de recolección de la información emplazando al investigador hacia nuevas interrogantes, e incluso hacia otros temas de su interés.

Entonces, para emprender el estudio de una realidad o fenómeno, se requiere vincularla con algunas tendencias que según Leal, J. (2009), surge como producto de los estilos de pensamiento, el cual se corresponde con la forma cómo la concebimos.

Si la concepción se hace en forma tangible, su proceder es concreto, secuencial y sensorial; cuando la admite de manera representacional; es deductivo, abstracto, explicativo; mientras que si se percibe en forma subjetiva, su proceder es introspectivo vivencial; en tanto que si se forja compleja e indeterminada, su acción es dialógica, reconociendo lo inacabado e incompleto del proceso productivo del conocimiento. Dicha tendencia se identifica por el lenguaje, así como por la redacción en párrafos cortos o largos, u otros como se explicitan en el cuadro 1.

Cuadro 1. Tendencias de investigación científica de acuerdo con el estilo de pensamiento

Estilo de pensamiento	Lenguaje	Redacción se realiza en:
Inductivo – Deductivo Está enmarcado por un estilo de pensamiento sensorial	Aritmético Probabilístico	Párrafos cortos, con oraciones breves, secuenciales y referidas a detalles sobre características notorias

Deductivo-Abstracto La Realidad es representacional proceder abstracto, explicativo	Lógico - Formal	Párrafos largos, explicativos, relacionantes, (en consecuencia, se debe responder a qué, por qué).
Introspectivo- Vivencial Percepción subjetiva	Verbal – Informacional	Textos flexibles, apariencia profunda, estética
Realidad compleja e indeterminada	De acuerdo al momento	Textos flexibles en los que se reconoce lo inacabado del proceso del cocimiento
Realidad compleja que requiere respuestas	Aritmético.-Probabilístico Adaptado a las necesidades de dar respuestas	Párrafos en ocasiones cortos, y en otros largos. Verbal – Informacional Flexibles, a veces explicativos y similares. En otras con profundidad en comprender la realidad.

Fuente: Leal, J. (2009).
Adaptado por Fuenmayor, E. (2021).

Además, es importante tener clara visión de: ¿cuál es el fin último de la investigación antes de iniciar un estudio? Puesto que dicho aspecto nos puede orientar en la escogencia del emprendimiento sobre el enfoque en el trabajo de investigación; en tal sentido, al disponer de este conocimiento, se tendrá mayor acierto en la elección de dicho enfoque.

Por ejemplo: Si pretendo como fin último *controlar o explicar* la realidad, mi enfoque estará orientado hacia el *Empírico-Analítico*; pero si lo que requiero es *comprenderla*, sería el *Fenomenológico-Hermenéutico*; si aspiro *transformarla* el abordaje más idóneo es el *Crítico-Dialéctico*; cuando tengo la necesidad de *construir conocimiento* mi inclinación estará dirigida al *Complejo-Dialógico*. Pero si pretendo *comprenderla y explicarla* para construirlo el enfoque más apto es el *Multimétodo*.

En cuanto al enfoque Empírico Analítico, mal llamado cuantitativo, se fundamenta en el Positivismo lógico, que se asienta en el control inflexible de la validación, su fin último consiste en descubrir, explicar, controlar y percibir el conocimiento; emplea la perspectiva de investigación cuantitativa, se caracteriza por ser secuencial, probatorio, presenta una orientación concreta y objetiva de las cosas, está dada por un lenguaje numérico – aritmético mediante una vía inductiva, es riguroso con relación a la secuencia de los pasos que se presentan en su desarrollo, porque no permite omitir alguno. Para abordar la realidad de estudio este enfoque parte de una idea, en la que se van narrando los hechos de forma descriptiva, de la cual se derivan objetivos, y preguntas de investigación, se justifica la investigación, hasta llegar a la delimitación; al mismo tiempo que se revisa la literatura para construir un marco o una perspectiva teórica.

Cuadro 2. Enfoques para emprender la realidad en estudio

Enfoques de Investigación	Fundamento Epistemológico	Fin último	Perspectiva de Investigación
Empírico Analítico	Positivismo Lógico	Control – Explicación	Cuantitativa
Fenomenológico – Hermenéutico	Fenomenología	Comprensión	Cualitativa

Crítico Dialéctico	Teoría Crítica	Transformación – Cambio	Cualitativa
Complejo Dialógico	Complejidad	Construcción	Mixta
Multimétodo	Pragmatismo Multiangulación de métodos Pluralismo Integrador	Comprender Explicar Construcción	Mixta

Fuente: Leal, J. (2009).
Adaptado por Fuenmayor, E. (2021)

De las interrogantes se establecen hipótesis y se determinan las variables; luego se desarrolla un plan para probarlas mediante un diseño; se miden las variables en un determinado contexto, aplicando instrumentos a una población seleccionada; se analizan las mediciones logradas usando métodos estadísticos, para establecer las conclusiones relativas a las hipótesis formuladas.

Con relación al Enfoque Fenomenológico-Hermenéutico, también llamado Interpretativo, Naturalista, y Constructivista, se fundamenta en la Fenomenología, cuyo fin último es la comprensión de los hechos, empleando para ello la perspectiva metodológica cualitativa; según Leal, J. (Ob. Cit.), la forma de abordar la realidad en estudio en este enfoque es mediante la interpretación y la comprensión de formas específicas de la vida social, éste se ocupa de la búsqueda del significado de las experiencias vividas, por lo tanto la investigación se orienta hacia la generación de una aproximación teórica que trata de aclarar al comprender formas específicas del fenómeno vivido; la validez de dicha aproximación teórica generada se da en términos de su coherencia, consistencia y poder interpretativo.

Asimismo, al triangular la información, procedimiento que sirve para certificar los resultados alcanzados en el estudio y de esta manera lograr mayor control de calidad en el proceso de investigación, garantía de validez, credibilidad, así como el rigor en los resultados alcanzados, porque al triangular se determinan las intersecciones o coincidencias y diferencias de sus apreciaciones, fuentes o puntos de vista del mismo aspecto. Pero también, con el sentido que tiene la teoría para quienes se investiga, debido a la ayuda que ésta pueda brindar a las personas para comprenderse mejor y en consecuencia, realizar cambios en su estilo de vida; sus métodos están inclinados hacia este paradigma, expresándose en lenguaje cualitativo, porque interpreta los fenómenos mediante el significado que le damos las personas implicadas en el mismo.

En cuanto al enfoque Crítico-Dialéctico, su fundamento se asienta en la Teoría Crítica, cuyo fin último consiste en la transformación, siendo su perspectiva metodológica cualitativa; se puede decir que está orientado por una reflexión sobre la realidad en busca de cambiarla, por medio de la ciencia crítica que desmitifica los modelos dominantes del conocimiento, y las condiciones sociales al restringir las actividades prácticas de los hombres, como lo indica Popkewitz, (citado por Leal, J. Ob. Cit.), cuando expresa que la función de esta teoría es la de comprender las relaciones entre los valores, intereses y acciones, debido a que la misma busca restaurar el mundo, no solo describirlo.

Bajo esta óptica, las personas reflexionan sobre sus prácticas para transformarla. La validez de este tipo de estudio es consensual, cuya condición es esencial en la eficacia para una proposición; consiste en el potencial del acuerdo con otros, es decir encontrar supuestos teóricos-metodológicos que permitan pensar en los cambios, e intervenir en los mismos. Este recorrido de acción y reflexión se ha ido configurando con el paradigma de la praxis, por el cual la Investigación-Acción Participativa se constituye en conocimiento científico de intervención de la realidad; y está enmarcado dentro de la perspectiva cualitativa.

El enfoque Complejo-Dialógico, se fundamenta en la Complejidad, con el fin último de construir los hechos para darle solución a las preguntas planteadas, bajo la perspectiva metodológica mixta; para ello parte de una concepción de la realidad indeterminada, en la cual la entropía es considerada como un elemento creador, por lo tanto no existe la simetría pues se ha roto, los efectos son fértiles, los desequilibrios son permanentes, razón que hace tanto las causas como a los efectos presentar relaciones complicadas, debido a que un efecto pudiera ser causal de otro, estableciéndose reacciones en cadena; y además en ellas está presente la no linealidad.

En concordancia con Leal, el investigador circunscrito dentro de este emprendimiento, se ubica en el centro del proceso prolífico del conocimiento y admite lo inconcluso de éste, razón que le lleva a dialogar con la realidad, más que a simplificarla y captarla, para lo cual asume la lógica configuracional en la que no existen reglas a priori por sugerir, puesto que él ocupa un rol activo al involucrar sus procesos intelectuales de alta capacidad, en busca del desarrollo del conocimiento sobre hechos tanto objetivos como subjetivos.

En cuanto al enfoque Multimétodo se fundamenta en la Multiangulación, en el Pragmatismo, y en la integración de métodos, con el fin último de construir cubriendo desde diferentes ámbitos los hechos para darle solución a las preguntas planteadas, bajo la perspectiva metodológica mixta, al someterse al estudio de interpretación, discusión, teorización e incluso demostración; a fin de construir y obtener conocimientos con la intención de cubrir de manera integral los distintos ámbitos que envuelven el proceso investigativo, en el cual se integra la confusión, la incertidumbre y el desorden, sin reducir la simplicidad del fenómeno indagado, por cuanto es causante de implicaciones y complicaciones necesarias; legitimándose en la generación de nuevos elementos que repercuten en el hecho investigado, por la relación propiciada por la triangulación múltiple, al realizar dentro de un mismo estudio la triangulación de datos, de investigadores, teórica, y metodológica.

En consecuencia el Multimétodo en la investigación al igual que otros enfoques puede actuar como paradigma, y como tal tiene su fundamento Filosófico; pero también puede hacerlo como perspectiva metodológica al tratar de buscar dar respuestas amplias a las preguntas de investigación, empleando para ello la mixta al considerar la cuantitativa y la cualitativa, u otras. Al igual que puede encontrase sólo como perspectiva cuando es empleada por otro paradigma como es el caso del Complejo Dialógico.

Coherencia paradigmática y sus implicaciones en la investigación

Toda investigación debe comenzar según Fuenmayor, E. (2014), por el estudio y comprensión de la naturaleza de la ciencia, porque ella viene a ser la consecuencia de un proceso mental en el cual, el investigador posicionándose en un paradigma, emplea la razón para organizar y estructurar el conocimiento en el mundo de las ideas, en una época determinada, en la que incluye los aparatos conceptuales, las prácticas institucionales y los objetos connocentes, que una sociedad entiende por verdad.

Al hacer esto se ofrece la importancia de distinguir dichos paradigmas en el proceso investigativo, para determinar la manera de hacer ciencia, creando el entramado que guía al investigador, al momento de tomar posición sobre un contexto que le lleve a apropiarse del conocimiento teórico y del dominio de la práctica investigativa, por medio de la cual revela su estructura de pensamiento, dejando en claro cuál es la base de interpretación que privilegia la investigación.

En ese sentido el investigador en búsqueda del conocimiento de la realidad, sigue una metodología específica, que le lleva a solucionar problemas, por lo cual deberá razonar de manera sistemática, controlada y critica, posicionándose en un paradigma provisto de un anclaje filosófico que le legitime. En tal sentido, Martínez (2004) señala que el conocimiento, sin referencia ni ubicación en un precepto epistemológico que le dé lucidez y proyección queda desprovisto de paradigma, y por lo tanto incoherente, por lo que no podría considerarse conocimiento.

En la medida, que un paradigma carezca de fortaleza metodológica para generar respuestas a problemas sociales, no podrá satisfacer las necesidades de la ciencia, generando con ello un cambio de enfoque dando paso al surgimiento de otro con fundamentos más sólidos. Sin embargo, es trascendente tener claro que cuando se habla de integración, no se refiere a éstos puesto que ellos no se enlazan, ni se integran, debido a que al pretender hacerlo caeríamos en un error generando la pérdida de coherencia paradigmática, omitiendo en la investigación el rigor científico y metodológico característico, lo cual le comprometería como ciencia.

Por ello es muy importante mantener la coherencia paradigmática que se configura en la posición del investigador en el hacer de la investigación, porque ella da legitimidad, indistintamente cual sea el enfoque que se aborde en el proceso, por lo que debe mantenerse. Lo trascendente está que entre los diferentes planos o dimensiones se conserve una coherencia, pertinente con las fronteras establecidas por cada uno de los referidos paradigmas. Dicha *coherencia* desde el momento que se asume un posicionamiento, establece la *matriz epistémica* y con ella los planos que se abordarán, así como, las fronteras que él determina, lo cual, permitirá mantener la conexión lógica interna, desarrollando un discurso completo, consistente y pertinente. Como se observa en el gráfico 1.

La matriz epistémica en consecuencia, concierta el mundo de vida y su trasfondo existencial, así como el germen que rige el modo general de conocer en un período histórico-cultural ubicado dentro de un contexto geográfico; y su esencia gravita en el modo propio que tiene un grupo humano de dar significados a los eventos en su capacidad de simbolizar la realidad; por lo tanto, se constituye en un sistema de condiciones del pensar de forma inconsciente, que organiza tanto la vida como el modo de ser que simboliza una cosmovisión, una mentalidad, una corriente de pensamiento, en un período de tiempo regido por un paradigma científico; así como, a cierto grupo de teorías, y en última instancia a un método, a unas técnicas o estrategias para investigar la naturaleza de una realidad natural o social. Por ello, se puede decir que la verdad del discurso no está en el método sino en la episteme que lo precisa.

En función a estas maneras de conocer como soporte fundamental para el desarrollo del conocimiento, se despliegan los distintos vínculos que existen entre los argumentos históricos por medio de los cuales se ha debatido acerca de: el investigador, el método y la construcción del objeto de estudio, generándose respuestas a partir del abordaje de los planos o dimensiones que edifican una matriz epistémica con sus implicaciones, como son:

- El nivel *ontológico*, el cual responde a la naturaleza de la realidad social.
- El *epistemológico*, en el que se concibe el conocimiento y la relación entre el investigador, el investigado y el conocimiento forjado.
- El *metodológico*, al crear la manera para obtener el conocimiento, el objeto connocente, y como se investiga.
- El *procedimental* determinante de las técnicas y procedimientos para recolectar la información, así como su legitimidad científica.
- E incluso el plano *axiológico* debido al aporte del sistema de valores y creencias que orientan la investigación.

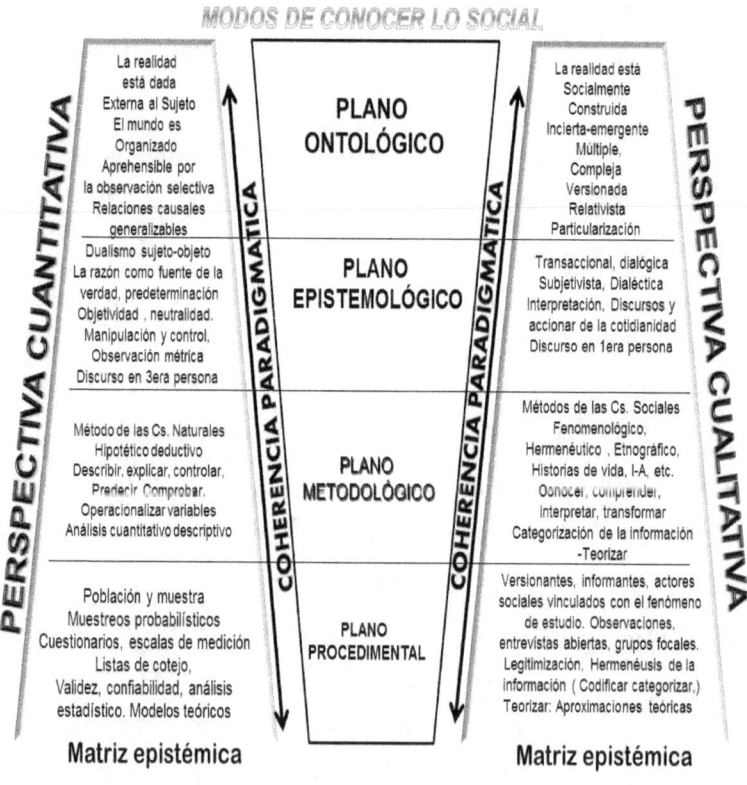

Gráfico 1. Coherencia Paradigmática
Fuente: Piñero, M y Rivera, M. (2013)

Por otra parte son muchas las implicaciones presentadas en la coherencia paradigmática en la investigación, porque para llegar a lograrla debemos considerar todos los elementos que interactúan y establecen relaciones divisados durante el proceso investigativo, ¿cuál es el capital cultural poseído?, ¿cuál es el estilo de pensamiento?, ¿cuál es la capacidad para organizar las ideas y materializarlas en un discurso que germina como consecuencia de una relación dialógica con lo investigado, del cual emana la verdad?

Esas implicaciones las debemos buscar en: los fundamentos *gnoseológicos, los ontológicos, en los axiológicos,* así como en el *nivel de complejidad de la teoría* contenida en el discurso científico. Entre dichas implicaciones se hace necesario indagar:

➢ En los *fundamentos gnoseológicos:* se requiere abarcar los conceptos que expresan de forma *explícita* la posibilidad, esencia, origen y estructura del conocimiento científico; así como la concepción de verdad y los criterios que la sustentan, lo cual determinará la lógica del método. Para ello según Méndez, E. (Ob. Cit.), se demanda conocer:

• La posibilidad de la ciencia; si es *viable o no* el conocimiento científico.

• El origen de la ciencia para saber de dónde depende ese conocimiento de: la *experiencia del investigador* (empirismo) o de su *capacidad de razonamiento* (racionalismo).

• La esencia de la ciencia: si la verdad en último término se encuentra en el *objeto de estudio,* (empirismo), o está contenida en el *sujeto* (racionalismo). Está combinada en una *relación sujeto-objeto*. El conocimiento y la verdad son *integrales*, al constituirse una relación dinámica, y dialéctica entre ambos. O la verdad del conocimiento, se obtiene por medio de la *crítica y la rectificación del conocimiento existente o del propuesto*.

• Cómo es la concepción de la verdad: *reflejo de la realidad* (empirismo), o *construcción de la misma*, (racionalismo y/o *cognitivismo o constructivismo*).

• Cuáles son los criterios de verdad, entre los que tenemos para la perspectiva cualitativa los racionalistas: la *argumentación cualitativa, triangulación, credibilidad, formalidad, confirmabilidad,* entre otros.

• Cuál es la lógica del método, entre los cuales localizamos: la *inducción,* (empiristas); la *deducción*, (racionalistas); el *hipotético deductivo* (Popper); el racionalista *crítico*, (hermenéutico); el *integral*, usa un patrón que integra criterios de otros métodos; *crítico*, usa la refutación para la construcción del conocimiento; entre otros.

➤ *En los fundamentos ontológicos:* referidos a los conceptos o argumentos que explican la concepción de la realidad primaria. Esta dimensión se vincula con los principios filosóficos, cuya teoría se fundamenta en el desarrollo de la ciencia. Para ello necesitamos conocer la estructura ontológica del investigador desde la que se determina el patrón de razonamiento o la arquitectura del conocimiento, tomando en consideración:

• La concepción de la realidad, cómo la percibe en su contexto natural, o social: Es una concepción *mecanicista, organicista, u holística*.

- Cómo concibe la naturaleza de la realidad: e*stática, dinámica, o dialéctica, simple o compleja.*
- Cuál es la concepción de las organizaciones de la sociedad: Es *cerrada o abierta*. Está definida como *acción social, relaciones sociales, o cultura.*
- Cómo es la idea que tiene del hombre: cómo *actor social, o cómo individuo determinado que establece su historia.* O *ambas a la vez.*

➤ Cuáles son los principios paradigmáticos que vinculan los componentes de la realidad:
- Son Paradigmas (P) de *explicación causal, multi-causal o de encadenamiento causal.*
- Son P. *probabilísticos.*
- Son P. de *explicación sistémico.*
- Son P. de *explicación histórica.*
- Son P. de *explicación holístico u holográfico.*
- Son P. de explicación desde la complejidad: *caos, orden; objetividad, subjetividad.*
- Son P de integración explicativa: *combinados, de enfoque integral, o de enfoque crítico.*

➤ Los *fundamentos axiológicos:* referidos a los principios que explicitan la concepción valorativa de la ciencia y del investigador, destacando:
- La *objetividad vs subjetividad.*
- O la *neutralidad valorativa vs el compromiso social.*

➤ Con relación al *nivel de complejidad de la teoría* contenida en el discurso científico se debe destacar si es de:
- *Disciplinariedad.*
- *Interdisciplinariedad.*
- *Multidisciplinariedad.*

- *O de Transdisciplinariedad.*
- Determinando si el paradigma empleado se ubica en la *modernidad,* cuando presenta un enfoque fenoménico o estructural de la realidad.
- O en la *postmodernidad,* cuando presenta una problemática subjetiva, interaccional, cotidiana de la realidad, o del mundo de vida.

➤ Al llegar al análisis le corresponde elaborar una teoría o aproximación teórica, y luego la conclusión, o reflexión general, sin olvidar que durante toda la investigación se debe estar precisando: la coherencia, la pertinencia y la completitud de la disertación; para después concertar los criterios con los cuales estuvo o no de acuerdo con el autor del enfoque empleado, así como en qué medida; o en caso de existir acuerdo, argumentar con cuál de los siguientes criterios se posicionó respecto a:

❖ En cuanto a la teoría:

- *Por continuidad:* cuando ha decidido permanecer en el patrón de razonamiento del enfoque, al reconocer la matriz conceptual, y ampliar o renovar la explicación del mismo.
- *Por complementariedad*: cuando decide conformidad con relación a las fortalezas, completando o mejorando los vacíos formales, o inconsistencias de contenido del autor o del paradigma, ampliándolos con proposiciones o derivadas de su matriz conceptual, o adicionales.

❖ En cuanto a la conclusión general si es:
- Por continuidad
- Por complementariedad

- Por integración de perspectivas: en este caso se debe ofrecer una nueva explicación según las anteriores, en una síntesis siendo las fuentes los autores citados.
- Por ruptura, en tal caso se tendrá que proponer una solución.

CAPÍTULO II: MULTIMÉTODO EN LA INVESTIGACIÓN

El Multimétodo como visión paradigmática en la investigación, en análisis realizado por Fuenmayor, E. y Bittar, O. (2017), se desarrolla desde la representación aportada por Shaughnessy, J. Zechmeister, E. y Zechmeister, J. (2007), consistente en la implicación de un acopio de datos de diferente índole, como números, palabras, símbolos u otros, para someterse al estudio de interpretación, discusión, teorización e incluso demostración si fuera el caso, a fin de construir y obtener conocimientos con la intención de cubrir de manera integral los distintos ámbitos que envuelven el proceso investigativo.

En tal sentido, Ruiz, C. (2008), señala que el Multimétodo, puede entenderse como una estrategia de investigación en la cual se utilizan varios procedimientos para indagar sobre un mismo tema u objeto de estudio, por medio de disímiles momentos o fases durante el proceso de investigación. Por su parte, Hernández, R. Fernández, C. y Baptista, P. (2010), defienden la posición que el enfoque Multimétodo establece una innovación con relación al proceso investigativo, extraído de las ciencias económicas, pero aplicada en forma muy adecuada a dicho proceso; consistiendo, en el fundamento de la Multiangulación de métodos, en los cuales se verifica y se confirma en su procedimiento que la teoría va más allá de la triangulación informativa obtenida en los contextos poblacionales.

En tanto Morse, J. (2010), después de realizar una crítica a lo denominado por varios investigadores proceso de Multiangulación, expresa que se debe tener plena conciencia de los propósitos, de los resultados potenciales de cada paradigma, sus métodos y sus aplicaciones, porque aun siendo viables, resulta de ellos un *paradigma particular,* aportando permisibilidad a partir de darle a cada uno su base y propósito filosófico. De lo cual se entiende que el nuevo paradigma surgido es el Multimétodo el cual respeta tanto la las bases como los propósitos filosóficos de los otros paradigmas.

Desde otras representaciones, se esgrimen algunas apreciaciones interesantes, como la de Villegas, C. (2010, p. 133), quien percibe el enfoque Multimétodo desde la praxeología de la investigación como un hecho transcomplejo, en el cual, se integra una confusión, incertidumbre y desorden, pero no disminuye la simplicidad del fenómeno estudiado, por cuanto es causante de implicaciones y complicaciones necesarias; que desde su legitimidad son potenciales para la generación de nuevos elementos repercutiendo en el hecho investigado, por la relación propiciada. Según la perspectiva de esta autora, el Multimétodo es:

...un esquema de análisis capaz de dar cuenta de esa complejidad, requiere mirar otras posibilidades más cercanas a una intersubjetividad enriquecida por el diálogo. Así, al modificar y cambiar la manera de conocer la realidad, el esfuerzo debe orientarse a desaprender la manera tradicional de interrogarse, es decir, hacerse preguntas distintas respecto a los mismos problemas, ya que en cada pregunta va implícita una determinada visión del mundo y en consecuencia, los límites de esas infinitas respuestas que constituyen conocimientos.

Al respecto, se impone una forma diferente de ver y tratar la racionalidad, así como la razón dialógica, mediante la cual, el saber se convierte en una convivencia de multiplicidad de lenguajes que incluye lo irracional como el arte y otras sensibilidades, para lograr entender un fenómeno. De la misma manera, se encuentran autores como Campos, M. (2007), quien fundamenta que la práctica investigativa con el uso del Multimétodo, no es nueva, ni surgida por la asociación de lo denominado enfoque integrador transcomplejo; porque en los años 70, se fortalece asociando criterios de las perspectivas cuantitativas y cualitativas, generando su propio contenido teórico.

Así como, cuando expresa que la triangulación es una estrategia, y como tal, sistematiza acciones destinadas al acopio y evaluación de datos en la investigación psicosocial, al combinar métodos, entornos, grupos de estudio, y perspectivas teóricas diferentes para estudiar un sistema de ocurrencias. En consecuencia, la triangulación en el enfoque Multimétodo, es una triangulación múltiple, al relacionar dentro de un mismo estudio la triangulación de datos, de investigadores, de teorías, así como de metodologías.

Por otra parte, se presenta la exposición de Sandín, M. (2003), al señalar la adopción de una actitud equilibrada y flexible entre los métodos en una investigación, se posibilita la liberación de una gran rigidez de los nexos de posicionamientos meta-teórico y de técnicas aplicadas, para abordar una condición integradora de eventos; así lo reseña Dendaluce, I. (1995), al referir la idea de pluralismo integrador, ejemplificado por la cualitativización de investigaciones cuasi-experimentales, así como la cuasi-experimentalización de estudios cualitativos, tal como lo sostiene Bericat, E. (1998), bajo la definición de una interesante síntesis de diversas *estrategias de integración metodológica* a partir de su visión, como se muestra en el gráfico 3, como se verá más adelante.

Interpretando a estos autores, se puede entender que la combinación de los métodos debe ser el resultado de la eficiencia y satisfacción tanto del investigador como de la pertinencia social de la investigación desde el reto de la reflexión implicada para su comprensión, su enriquecimiento, y el beneficio lingüístico, al cual se somete en búsqueda de la excelencia; por la amplitud de términos empleados, entendidos por una mayoría, así como, por las ventajas tanto metodológicas como epistemológicas ostentadas por este enfoque, permitiendo manifestar la complementariedad cierta, entre los elementos propios de las perspectivas cuantitativa, y cualitativa; como la congruencia entre las diferentes realidades metodológicas o teóricas, también llamado pluralismo.

Estructura Sustantiva

En este punto incorporo algunos aspectos sobre el enfoque Multimétodo como visión paradigmática planteados por Fuenmayor, E. y Bittar, O. (2017), al considerar que ciertos autores al referirse al mismo, le han denominado métodos mixtos, tal es el caso de Hernández, R. Fernández, C. y Baptista, P. entre otros, (2010), quienes discurren que la visión filosófica y metodológica le da soporte a los métodos mixtos, insertos en el *pragmatismo*.

Así también, Patton en 1990, Tashakkori y Teddlie en 2008a - 2008b, Hernández, R., y Mendoza en 2008, Creswell en 2009, Morse y Niehausen en 2010, sugieren que el pragmatismo es el fundamento de los diseños mixtos, al completar diversas ideas de John Dewey, William James, Charles S. Peirce, y Karl Popper. Este enfoque epistémico soporta su importancia, en las aplicaciones, en su funcionamiento, al igual que a las respuestas aportadas a las preguntas de investigación.

Cuando los autores se arrogan a esa posición pragmática están aceptando la contingencia de situar múltiples paradigmas en la misma disertación, siendo accesible a diferentes eventos. El pragmatismo objeta la posición de elegir una de las categorías de la dicotomía cualitativa-cuantitativa sobre el contexto, al oponerse a unos resultados obtenidos con la perspectiva cualitativa, así como los logrados con la cuantitativa. Esta corriente se sitúa bajo un realismo ontológico, que comprende al realismo subjetivo, al objetivo, y al intersubjetivo.

De esta manera, Hernández, R. y otros (Ob. Cit.), consideran que el pragmatismo proporciona varias inferencias sobre el conocimiento y la búsqueda de la información, afianzando el enfoque de los métodos mixtos, diferenciándolo de la aproximación cuantitativa cimentada en la filosofía post- positivista, así como de la aproximación o acercamiento de la cualitativa, fundamentada en la filosofía constructivista.
Esta visión defiende un enfoque contundente de forma rotunda por los valores frente a la investigación, al objetar una aproximación sobre la incompatibilidad de los paradigmas y una visión única para desarrollar estudios en cualquier campo del conocimiento. Refuerza tanto el pluralismo como la sinergia, pero cuando se trata de la investigación mediante métodos mixtos involucra elegir la integración de métodos y procedimientos que se adapten mejor para responder las preguntas de investigación. Ello constituye un intento por legitimar la utilización de los enfoques múltiples para satisfacer los planteamientos de problemas, más que limitar las elecciones de los investigadores.
También, rebaten el dogmatismo, por ser una forma creativa, humana, plural, complementaria y ecléctica al adoptar la manera de indagar estudios en los cuales el planteamiento es lo más importante dentro del proceso investigativo, razón que exige la adaptación del método para que responda a las interrogantes

propuestas de manera tanto profunda como completa. Es por eso que para formalizar un estudio se debe razonar sobre las características relevantes de la investigación cuantitativa y cualitativa.

De igual manera, es importante tomar en cuenta a la educación como cimiento principal de los procesos de transformación de la humanidad, necesaria para que se den los cambios mediante la aplicación de estrategias; a juicio de Martínez, M. (2006), toda ciencia, teoría, método o investigación, sólo tienen significado o sentido a la luz de un trasfondo epistemológico de una sólida fundamentación epistémica.

Al respecto, algunas teorías educativas se han desarrollado enfocadas en diversos paradigmas, pero ninguno ha dejado de lado la visión lineal y reduccionista de la ciencia para la construcción de conocimiento, razón que ha llevado a algunos investigadores a indagar sobre nuevas alternativas para afrontar dichas problemáticas en busca de soluciones a situaciones complejas, en las cuales prevalece la incertidumbre y la ambigüedad. Bajo esa apariencia, la mayoría de los problemas vinculados a la cotidianidad del hombre, presentan un nivel de complejidad, no permisibles de ser atendidos con los enfoques de investigación tradicionales.

Así según Schavino, N. y Villegas C. (2010), es necesario emplear nuevas visiones de entrelazamiento, concepciones y procesos intelectuales que permitan dar repuestas a los desafíos de un mundo interdependiente, incierto y vulnerable, generando capacidades para construir senderos, reinventando reglas en los nuevos escenarios, en busca de dar apertura a posiciones teóricas o corrientes contrapuestas para realimentarse. En ese sentido, acuden a lo que algunos investigadores han denominado Multimétodo.

En el posicionamiento asumido por éstas autoras, (Ob. Cit.), los procesos investigativos no son realizables sin la complementariedad de las concepciones filosóficas que rodean la teoría del conocimiento, en un intercambio transdisciplinario y sinérgico. De lo cual, proviene la necesidad de investigar por medio de la aplicación de un enfoque, situado a la luz de las actuales tendencias de Complejidad y Transdisciplinariedad.

En virtud de las consideraciones precedentes, Villalobos, J. V. (2013), delibera se han postulado algunos de los elementos que constituyen la perspectiva de una nueva ciencia, y con ello, la configuración de una nueva episteme. Las ciencias que emergen frente a estas discusiones son denominadas *Ciencias de la Complejidad*, cuyo entramado es discutido, por Martínez, M., al explicar el *paradigma emergente* en 2005, el cual contiene los elementos de la crítica a la ciencia tradicional, pero también los elementos de la caracterización de la ciencia emergente, más allá del giro pragmático.

Estos elementos surgen por la necesidad de establecer los métodos apropiados para la comprensión de la naturaleza humana, de su complejidad, y de los acontecimientos que produce la interrelación, con su intersubjetividad y el carácter comunicativo del ser humano, pero también para establecer los métodos apropiados de acceso a la naturaleza de la naturaleza, con el propósito de dar las explicaciones más cercanas a la verdad.

Esta visión según Schavino, N. y Villegas C. (Ob. Cit.), acerca de una nueva epistemología de la investigación debe acceder, a integrar y facilitar el vínculo entre redes, soportada en adecuados procesos comunicativos, que asista la comprensión de la diversidad humana, mediante un análisis capaz de darse cuenta de esa complejidad, lo cual requiere no perder de vista otras contingencias más cercanas al diálogo, puesto que al modificar la manera de conocer la realidad, el esfuerzo debe orientarse a olvidar la forma tradicional de indagar, al forjarse diferentes interrogantes respecto a similares situaciones, debido a que en cada pregunta va incluida una estipulada cosmovisión, porque de allí , emanan los límites de esas infinitas respuestas instaurándose de ellas el conocimiento.

Así también, los planteamientos de dichas autoras, (Ob. Cit. p. 3), al citar a Morín, E. en 2001, "quien acompaña la propuesta del estudio de la complejidad con la búsqueda de una nueva práctica científica transdisciplinaria", extendida a respaldar la intercomunicación entre los sectores herméticos heredados, que a crear nuevos conceptos, convirtiendo la práctica, en el soporte ejecutor metodológico del paradigma de la complejidad, sobre el cual se podrían formular, nuevos principios que orienten la visión de los hechos y del mundo sin necesidad del reconocimiento racional.

De igual manera, la Transdisciplinariedad representa un nuevo modo de obtener conocimientos, al respecto Morales, M. (2010), se refiere a ésta como una fecundación cruzada de métodos y conocimientos de diversas áreas, en busca de una integración amplia del saber, hacia un todo relativo, conservando los conocimientos de las partes; lo cual significa que en ella, los métodos se acercan y resultan dependientes de sujetos-objetos-contextos-proyectos complejos, acoplados en unas u otras redes de complejidades, en las cuales aplican variadas relaciones de transformación rebasadora del propio ámbito científico.

Implica entonces, según Morales, M. (Ob. Cit.), una nueva forma de apropiarse del conocimiento sin ceñirse a una rigidez metodológica, iniciándose con la indagación y construcción del saber mediante el uso de la interpretación y la comprensión, empleando también la explicación, la cuantificación, así como la objetividad. Es una iniciación del pensamiento a la realidad compleja sin ataduras procedimentales al conferir al investigador la apertura mental mediante procesos dialógicos, necesarios para direccionar el descubrimiento de su propia lógica.

De acuerdo con Silva, R. (2010), a la Transdisciplinariedad le atañe a la par, lo correspondiente entre las disciplinas, traspasando las disciplinas y más allá de todas ellas. Su finalidad es la comprensión del mundo presente, uno de cuyos imperativos es la unidad del conocimiento. En este sentido, Ugas, F. G. (2010), plantea que la Transdisciplinariedad se interesa en la dinámica generada por la acción sincrónica de varios niveles de realidad, que pasa en forma precisa por el conocimiento disciplinario y se fundamenta en los tres pilares expuestos por Max-Neef en 2004: *los niveles de realidad, la lógica del tercero incluido, y la complejidad,* los cuales *determinan la metodología* de la investigación transdisciplinaria.

Sobre la base de lo expuesto por este autor (Ob. Cit.), en los *niveles de realidad,* existe la convivencia de al menos dos mundos esclarecidos por la ciencia, que concuerda en forma considerable con los planteamientos análogos surgidos de religiones, tradiciones y ciencias, refiriéndose al universo interior; al respecto, varios fueron los filósofos del siglo pasado que describieron sobre diferentes niveles de percepción de la realidad así como de los contextos multidimensionales.

Entre esos filósofos de acuerdo con Ugas, F. G. (Ob. Cit.), al citar a Max-Neef, destacaron K. Popper, y J. Eccles, entre otros, quienes aportaron la elaboración de la teoría filosófica de los tres mundos: *el mundo1,* referido a todos los objetos y estados físicos, incluyendo el cerebro; *el mundo 2,* de las experiencias subjetivas o estados de la conciencia; y *el mundo 3*, el cultural, originado por el ser humano, en el cual se encuentra inserto el lenguaje.

Otro filósofo relevante fue Heisemberg, quien implanta la idea de las tres regiones de la realidad: *la primera región* es de la física clásica; *la segunda* de la física cuántica, de la biología así como de los fenómenos psíquicos; y *la tercera* de las experiencias religiosas, filosóficas, y artísticas.

Bajo esta óptica plantea Silva, R. (Ob. Cit.), existe una progresiva consciencia porque el ser humano no está, ni se despliega en una sola realidad, describible y descifrable solo en términos de la razón, de lo cual se deriva que aunque es viable e ineludible en la investigación transdisciplinaria, se debe tener presente que la Transdisciplinariedad en sí misma aún se vislumbra como un proyecto indefinido, sobre el cual hay mucho por describir e indagar.

En cuanto a *la lógica del tercero incluido,* expresa Ugas (Ob. Cit.), los comentarios de Niels Bohr quien alegaba que los contrarios se complementan, tal como, día - noche, sol - luna, hombre - mujer, disciplina - transdisciplina, no como derivaciones, sino como complementos tendentes a fundirse y fusionarse, sin confundirse; además soportan la certeza que la coexistencia de los mundos cuántico, y macro físico ha avivado, la rebelión de quienes se suponían pares contradictorios uno a otro excluyentes, (A, y no A), cuando son investigados por medio de la lógica clásica al reconocer sólo un nivel de realidad.

Así también, iniciando con los aportes de la física cuántica florece un camino más interesante y fértil en la reformulación del tercer postulado, convirtiéndolo en el *axioma del tercero incluido,* expresado por Nicolescu en 2001. Sin embargo es a S. Lupasco a quien la historia concederá el mérito por haber demostrado que la lógica de dicho axioma es verdadera, formalizable, y establecida multivalente con tres valores *A, no A, y T,* además de no contradictoria, en el cual, *T* situado a *un nivel de realidad* diferente de *A, y no A,* induce un influjo desde ese nivel hacia otro próximo, una especie de filtración entre dichos niveles vecinos. (Dos colores en agua). Como se percibe en el enfoque Multimétodo, al abordar la problemática de una investigación con métodos, técnicas, procedimientos y otros elementos, focalizando la importancia en la resolución del problema, por encima de las supuestas controversias paradigmáticas.

En tal sentido, alude Ugas (Ob. Cit.), que Popper y Eccles hicieron sugerencias en las que el cerebro localizado en el *mundo 1,* y la mente en el *mundo 2,* interactúan, al considerar la permeabilidad en la frontera entre ambos mundos, y en las dos direcciones por flujos de información. De lo cual, se induce lo que Max Neef en el 2004 identifica como la Primera Ley de la Transdisciplinariedad, en la cual expresa que las leyes de un nivel explícito de realidad no son suficientes para describir todos los fenómenos ocurridos en dicho nivel.

Por tanto, *la lógica del tercero incluido* resulta en ser la lógica de la complejidad y la Transdisciplinariedad, debido a que permite, mediante un proceso reiterado, superar las diferentes áreas del conocimiento de una manera coherente, forjando una nueva simplicidad, en la que no se excluye dicha lógica; sólo delimita su rango de influencia y validez a situaciones simples; ofreciendo a cambio, una indisoluble potencialidad para la evolución del conocimiento.

En relación al tercer pilar de la Transdisciplinariedad, conformado por la Complejidad se puede complementar que la dependencia con el mundo y la naturaleza compleja, requiere de un pensamiento complejo el cual ha sido propuesto por Morín mediante una reformulación substancial de la disposición del conocimiento, en virtud de su creciente complejidad.

El *Pensamiento Complejo* según Fuenmayor, E., y Hernández, A., (2015), al interpretar a Morín, E. en 2004, asume importancia por su peculiaridad y profundidad desde el siglo pasado, cuando se le asoció con aspectos dificultosos, arduos, revueltos como una maraña, sin embargo en el presente, se descifra desde una configuración que permite investir al ser humano, en una estrecha interrelación con la naturaleza, y el cosmos en general.

Desde el Pensamiento Complejo, se distingue la visión del mundo como una realidad en la cual los elementos que lo conforman se encuentran entretejidos formado por hilos energéticos entrecruzados que se relacionan y complementan; un complexus, término que se asigna a lo tejido en conjunto, en el cual todos sus elementos son importantes, en un dinamismo de interacción del todo con sus partes, así como de las partes con el todo, para dar respuesta al contexto. El mundo como una Matrix complementa la autora, porque todo se encuentra interconectado e interrelacionado.

Partiendo de esta visión, el Pensamiento Complejo es como un entramado, en oposición de la forma de aislar los objetos de conocimiento, tal como se hace en el modo de pensamiento tradicional en el cual se fragmenta en disciplinas amuralladas y clasificadas, para mantener el status dentro del paradigma. En ese orden de ideas, la complejidad ha hecho impacto directo en las actividades de interacciones humanas, tales como la educación, la sociedad con su interpretación de sí misma, la política, la visión actual del hombre, la construcción del futuro, así como la investigación, para encontrar soluciones a las dificultades contemporáneas. Así lo expresa Morín, E. (Ob. Cit.), al hablar de complejidad como el desafío de los problemas de la vida y del pensamiento.

El Pensamiento Complejo, surge de la noción del universo como un macro-sistema en el que se encuentran inmersos otros sistemas o subsistemas en una permanente interacción, razón por la cual, todos pueden considerarse sistemas complejos, tal idea permite pensar que no existen elementos incomunicados o aislados porque éste también estaría inserto dentro de algún sistema y por lo tanto debe estar interrelacionado con otros elementos y con el macro-sistema. En ese sentido, tanto el hombre, la sociedad, como el planeta son sistemas complejos sometidos a incalculables interacciones entre sus componentes, así como con los componentes de terceros, al igual que con el ambiente donde están inmersos por lazos ecológicos, biológicos, energético, o espirituales, entre otros.

Sobre la base de esta representación sistémica, la epistemología de la complejidad prevé, una interacción entre los humanos en sí, y con el ambiente o contexto, sin la cual se hace quimérico comprender que el papel del hombre en el mundo debe ser de sustentabilidad, por la necesidad de ir más allá de eso. Al respecto Morín, E. (2004), plantea algunos supuestos, destacando:

La falta de visión global, que involucra la pérdida de consciencia en correspondencia con la indudable condición humana como personas viviendo y conviviendo, en un mundo donde se establece entre sus congéneres diversidad de lazos afectivos, sociales, espirituales, culturales, entre otros, inmersos en un sinfín de contextos. En concordancia con Morín, E. (Ob. Cit.), la vida consiste en una multiplicidad de relaciones de los humanos entre sí y con el medio. No una globalidad mal entendida mediante la cual se pretenda mantener una hegemonía de poder con fines de lucro y dominación, señala la autora.

En tal sentido, ser humanos es estar conscientes de la cadena de situaciones que se dan por el sólo hecho de vivir, de relacionarse y modificar el entorno en busca del desarrollo, por eso se hace importante enfrentar la vida de manera sustentable, con una visión más acorde a la realidad, para preservarla, sabiendo que como humanos se ha estado muy distantes del deber ser, al no resguardar el ambiente, incluyendo además que ya el hecho de vivir modifica nuestro entorno.

Bajo esta concepción, la preponderancia de la racionalidad en la modernidad, disfrutó por más de tres siglos de la visión mecanicista, analítica y reduccionista, de un mundo simplificado para los humanos, cuyo fin desde la ciencia con la aplicación del método científico, es aislar los objetos para su estudio y comprensión, dejando de lado las relaciones con ese mundo, imponiéndose para hacer creer que el todo es igual a la suma de las partes; no obstante, hoy los autores asumimos el mundo como un sistema conformado por multiplicidad de otros sistemas así como elementos manteniendo estrechas interrelaciones; al vivir en un Multiverso donde todos ellos están interactuando en una red compleja. Ciertamente, plantea Martínez, M. (2011, p. 57).

… las ciencias, de la complejidad son un tipo nuevo de racionalidad científica exigido por el mundo actual y su futuro. Los autores, sus teorías, sus conceptos y sus lógicas en los aspectos histórico, metodológico, heurístico y político merecen gran atención. Su lenguaje es altamente técnico y especializado y no existe una única definición del concepto de complejidad.

De igual manera Martínez, M. (2006), también expresa que la naturaleza es un todo polisistémico que se rebela cuando es reducido a sus elementos, porque así reducido, pierde las *cualidades emergentes* de ese todo y la acción de ellas sobre cada una de las partes, debido a que él constituye la naturaleza global, obligando a dar un paso más en esta dirección. Así como, a adoptar una *metodología inter y transdisciplinaria* para conseguir captar la riqueza de la interacción entre los diferentes subsistemas que estudian las disciplinas particulares.

En ese sentido, según Schavino, N. y Villegas, C. (Ob. Cit.), consideran la existencia de nuevas tendencias para afrontar las realidades tanto complejas como multidimensionales, las cuales se separan de los arraigos metodológicos, en búsqueda de enfoques que expresan el quehacer investigativo, partiendo de un compás multireferencial y multimetodológico. En realidad, se va hacia un proceso de iniciación e integración epistemológica, con desavenencias al igual que desencuentros, que crean distancia del pensamiento simplista y reduccionista, defensor de una idea objetivista, absolutista, fragmentada de la realidad, para ir hacia las proximidades onto-epistemológicas que devastan las viejas fronteras disciplinares al recrear por medio de vínculos nuevos posicionamientos para inmiscuirse en los escenarios objeto de estudio.

Por lo antes expuesto, se desprende que al hablar del método con el cual se aborda un problema de investigación, es un desatino considerar sólo la existencia de los dos enfoques tradicionales para emprender su estudio metodológico, siendo importante buscar una nueva forma de pensar en las soluciones, brindando la oportunidad de crear otros diferentes que desarrollen nuevas alternativas. Es por eso el señalamiento hacia el Enfoque Multimétodo una elección que ofrece la oportunidad de lograr respuestas asertivas en la investigación.

Características del Multimétodo y logros con su uso
El Multimétodo se caracteriza desde su cosmovisión paradigmática por adoptar un posicionamiento sistémico, integral, flexible, abierto, multivariado, e inaca-

bado, en el cual los métodos que se integran bien sea el (cualitativo, cuantitativo, u otros), se complementan en una relación sinérgica al conformar una matriz epistémica multidimensional, dirigida a los principios de accesibilidad del pensamiento complejo; que también es sistémico, holográfico, en el cual según Morín, E., (2006), en el conocimiento se generan bucles retroactivos, y recursivos, entre el sujeto que hace al objeto, y el objeto que hace al sujeto; en una auto-implicación de ambos, de manera que se hace imposible concebir uno sin el otro, por la existencia de diferentes niveles de realidad, tales como en los sistemas macro físicos y el cuántico, que avanzan hacia una lógica dialéctica al considerar el principio del tercero incluido (posibilidad de A, no A, y T).

Bajo esa óptica se requiere como soporte epistemológico la Complementariedad, postulado que involucra el uso de metodologías transdisciplinarias orientadas a la comprensión de las variadas razones de un problema y a sus potenciales soluciones, trascendiendo la simple colaboración interdisciplinar hacia una nueva noción de racionalidad científica, que conduzca a la superación de las contradicciones, las extravagancias y las dificultades de resolver los problemas por el camino de la lógica gracias al apoyo de otros tipos de investigación, tales como: el Proyecto Factible propio del enfoque Empírico Analítico, la Investigación Acción del enfoque Crítico Dialectico, un Plan de Acción de la Investigación Aplicada, o un Programa Computarizado de la Investigación Tecnológica , u otros.

Al respecto, Martínez, M. (Ob. Cit.), considera que la Complementariedad se justifica por la incapacidad humana de agotar la realidad con una sola perspectiva, en un sólo intento de captarla. Siendo el dialogo y el intercambio de percepción de la realidad el instrumento esencial para alcanzarla. Así se admite la existencia de otras posibles verdades que pueden argumentarse; favoreciendo el trabajo en equipos de investigadores con la disposición y mente abierta, dejando de lado las posiciones personales en pro del trabajo, para lograr el dialogo abierto y flexible entre los diferentes saberes, libres de las fronteras disciplinares impuestas, en busca de la unidad del conocimiento.

Legalidad Científica de la Integración Metodológica

Sobre la base de lo antes expresado, la autora incorpora algunos aspectos de lo planteado por Fuenmayor, E. y Bittar, O. (Ob. Cit.), en lo referido a la legitimidad científica, cuando asumimos que las distintas acepciones aplicadas al uso de los diferentes métodos en la presentación de una investigación, deben poseer una legalidad en el campo científico de forma que lo constituyan y afiancen dentro de sí, para reconocer su complejidad en los objetos de estudios, cuándo se hace presente, ante la necesidad de lograr mayor amplitud del conocimiento en cuanto a la complejidad pluralista y presentación de diferentes facetas reales del acontecer humano.

Al respecto señala Bericat, E. (1998), la existencia de textos en los cuales se presentan descripciones o cuantificaciones, comprensiones o explicaciones, críticas o legitimaciones válidas, precisas y fiables de la realidad, que requieren ser lo más cercanas posibles, no solo para ser fieles a la misma, sino de proporcionar mayor riqueza en la diversidad del conocimiento. Así como, se han dado un sin número de debates sobre la terminología a utilizar, no siendo esto el punto de mayor importancia por cuanto el nombre sería lo de menos, si existe coherencia de entendimiento al aceptar la confluencia de diferentes métodos con el fin de lograr mayores adelantos en los conocimientos; el punto de mayor repunte en dichos debates radica en la legitimidad de este enfoque, por los múltiples enfrentamientos que ubican su origen en la ciencia sociológica, causados por aceptar al unísono el criterio de pertinencia científica de una integración de métodos centrada en la obtención de respuestas sobre un mismo tema desde diferentes paradigmas cobijado por teorías, abordado por métodos, metodologías y técnicas propias de sí mismo, e integrándolos en los resultados, o en el análisis, e interpretación, en una combinación para dar mayor amplitud de respuestas a los propósitos y a las preguntas de investigación, pero que han sido mal interpretadas produciendo situaciones equivocas en el sentido investigativo.

Por otro lado, apuntar hacia los grados de coherencia piramidal entre la perspectiva cuantitativa y la cualitativa, sería lo ideal puesto que permitiría nuevos escenarios en la investigación, al aplicar las estrategias de complementación, combinación, y/o convergencia o triangulación, debido a que coexistiría una interpretación más amplia en la complementación del proceso indagatorio en las ciencias sociales, por la existencia de dos imágenes reales de un mismo hecho.

De igual manera, se mantiene la independencia de ambos enfoques dados por sí mismos, que en un punto determinado se equilibran para ser interpretados al brindar la posibilidad de entender con diferentes orientaciones una misma realidad; y por último la combinación de las fortalezas en pro de lograr desde la metodología las compensaciones que puedan resultar como debilidades de alguno de los métodos.

Desde la concepción de Cook, T., y Reichardt, Ch. (2005), se sostiene lo antes expresado, por cuanto consideran algunas premisas acerca de la respuesta de intensidad relacional entre paradigma, método, metodología y técnica de investigación, al asumir una determinada posición desde la matriz epistemológica de la cual se parte en la teoría que se maneja en una exploración; implicando además pertinencia de unos registros metodológicos orientados con coherencia, aunque sin poseer rigidez al ostentar maneras sincréticas a fin de fusionar esa diversidad de formas para obtener un resultado cercano a la realidad.

Por tanto se considera viable e interesante la integración de métodos, de los cuales se toman sus atributos, careciendo de importancia la rigidez de la posición paradigmática, siempre que se apliquen los procedimientos pertinentes, sin negar que existen algunos de éstos unidos a paradigmas específicos; pero lo principal es que no constituyen una determinante en la elección de los métodos, debido a que ello va a depender de las situaciones confrontadas por el investigador. Así como de los objetivos, naturaleza y contexto del hecho investigado. Además, se puede indicar que la legitimidad integrativa de ambos métodos, puede plantearse a partir de la coherencia piramidal con actitudes sintéticas cuando son indisolubles los rasgos específicos de un paradigma, por lo que se considera que tal fusión o integración pudiera emprenderse desde la naturaleza de la investigación.

Tal situación se debe a que la legitimidad corresponde atribuirse al mantenimiento de unos rasgos definidos, de un discurso deconstructivo, para introducir grados de independencia en la integración, aunque desde la Epistemología se sostenga la existencia de incompatibilidad paradigmática; cada perspectiva investigativa ha de ser utilizada de forma independiente e indivisible puesto que son corrientes contrapuestas, y es por ello que ha de respetarse la coherencia paradigmática, manteniéndola entre los elementos que conforman la matriz epistémica, como se observó en el gráfico 2, del capítulo anterior, y en el gráfico 3, más adelante.

Por las razones antes expuestas, es sensato mantener la coherencia horizontal y vertical entre los elementos de la investigación, es decir entre el paradigma, la teoría, y su metodología, procedimientos e instrumentos, debido a que es recurrente emplear desde la Epistemología algunas técnicas de observación para el análisis de determinadas orientaciones metodológicas.

En cambio lo aceptado con amplitud, por diferentes autores, entre los cuales me incluyo, es la legitimidad técnica de la integración, la cual no tiene mayor discusión al sostener que los paradigmas no constituyen la única razón determinante para seleccionar un método; al respecto, Bericat, E. (Ob. Cit.), señala la importancia de mantener prudencia metodológica al momento de integrar métodos, porque sin ella no tendría sentido hablar de verdaderos diseños Multimétodo, sino más bien de elementales yuxtaposiciones desordenadas, o absurdas uniones de técnicas.

De lo que se desprende la opinión de Balestrini, M. (2002), y (2003), para referir que los nuevos escenarios en investigación social, permiten la búsqueda de novedosas estrategias para incorporar las cualidades de los enfoques investigativos a fin de obtener mejor percepción de las imágenes reales, que aun cuando es un trabajo complejo se puede apreciar la astucia del investigador en su formación integral, por dominar las técnicas, instrumentos y estrategias necesarias, al presentar diversas perspectivas a la comunidad del saber con inventiva y creatividad.

Metáfora de la Doble Pirámide de Bericat
En este aspecto tenemos representado dos modos de generar conocimiento bajo dos perspectivas diferentes al expresar la *Metáfora de la Doble Pirámide* como una figura retórica de pensamiento, por medio de la

cual, la realidad o concepto que emana de la perspectiva metodológica cuantitativa, y de la cualitativa, se expresan como realidades diferentes en lo teórico, que guardan relación de semejanza en lo práctico.

En atención a dichas perspectivas Mendoza, L. en 2008, (citado por Boza, M. 2012), diseñó una representación gráfica de la metáfora de las dos pirámides explicadas por Bericat, que permite distinguir tres niveles accionantes, para cada matriz epistémica como se observa en el gráfico 2, que describo a continuación.

En dicho gráfico, en el centro de las pirámides se observan tres dimensiones, que son los planos correspondientes a las formas de producir conocimientos: el metodológico en la base, el epistemológico en el centro, y el ontológico en las cúspides como a continuación represento.

Nivel o Plano Metodológico

Este nivel se refiere a cómo recolectar y procesar la información y reposa sobre la base de las pirámides, además ha sido identificado como el espacio desde el cual las perspectivas tienden a acercarse de tal manera que confluyen en una intencionalidad común, determinada en las disertaciones positivistas por el uso de métodos, técnicas, instrumentos, y procedimientos de investigación sustentados en la experimentación y la estadística, como los principales soportes de los que dispone el investigador para construir el conocimiento.

Así también desde esta perspectiva el planteamiento del problema, el marco teórico, la definición de variables, la aplicación de instrumentos, la obtención de los datos, su análisis, nos llevará a lograr los resultados con los cuales realizaremos una teorización nomotética, que luego generalizaremos a toda la población.

En tanto que en la perspectiva cualitativa, se emplea la metodología hermenéutica-dialéctica, la selección de los métodos, técnicas, procedimientos, y procesos interpretativos orientados por los paradigmas alternativos, el diseño de investigación es emergente debido a que surge con el avance de la investigación, y no de manera preestablecida como en el caso anterior.

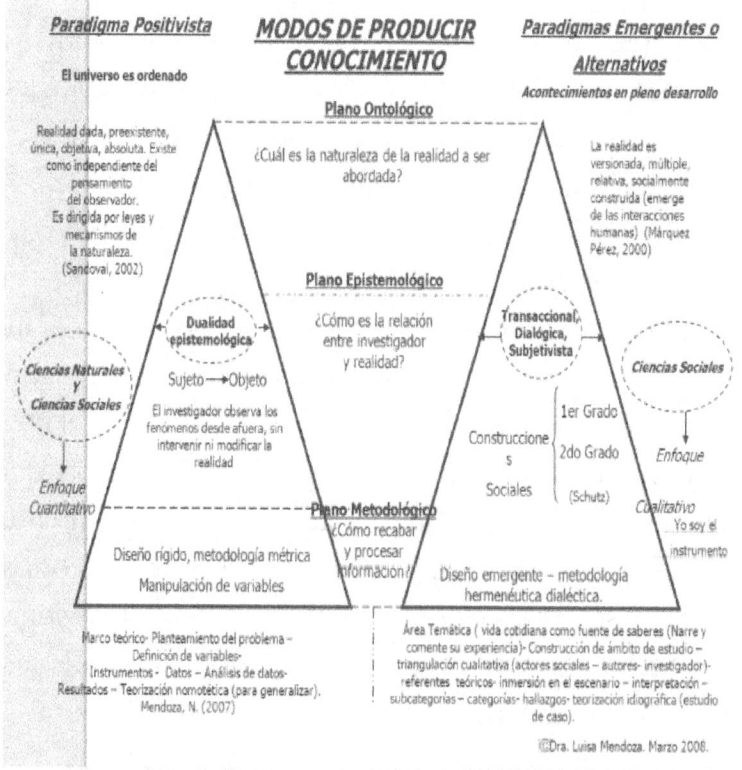

Gráfico 2. Modos de producir conocimiento.
Fuente Boza, M (2012), desarrollado por Mendoza, L. (2008), en los cursos momentos escriturales de la investigación. Y en paradigmas y momentos escriturales en la investigación dictados en el postgrado de la UPEL-IPB.

Así mismo, el área temática está referida a la vida cotidiana como fuente de saberes, así como a experiencias subjetivas del investigador y los informantes, con sus narraciones, o comentarios de sus vivencias; en él la construcción se realiza en su ámbito de estudio mediante la triangulación cualitativa entre los actores sociales, los autores, y el investigador, entre quienes se determinan las intersecciones o coincidencias así como diferencias de sus apreciaciones, fuentes o puntos de vista del mismo aspecto.

Al igual que el desarrollo de los referentes teóricos inmersos en el contexto, interpretación de códigos, categorías, subcategorías, evidencias, para construir por medio de sus resultados la teorización ideográfica, utilizando varios procesos mentales tales como son la percepción, comparación, contrastación, añadir, ordenar sucesos, establecer nexos, relaciones, y especulaciones.

Nivel o Plano Epistemológico

El nivel epistemológico, ubicado en la parte media de cada pirámide, se encuentra representado por la naturaleza de la relación entre el investigador y la realidad. Esta relación es objetivista, dualista, para el positivismo, y en consecuencia en la perspectiva cuantitativa, el investigador observa los fenómenos desde afuera sin involucrarse o modificar la realidad a consciencia.

Mientras que para los paradigmas emergentes, es una relación transaccional dialógica, subjetivista, en los cuales bajo la perspectiva cualitativa, el investigador se incorpora en el proceso investigativo consciente de su influjo sobre lo estudiado, modificando la realidad por el sólo hecho de ser observador debido a que como energía que es interactúa con dicha realidad, convirtiéndose también en instrumento en la investigación.

Asimismo, este nivel centra su fundamentación en las teorías de la verdad, alrededor de las concepciones de correspondencia o adecuación entre la mente y la realidad, como forma clásica aristotélica; en tanto, como posición de Descartes proporciona evidencia y certeza interior del sujeto sobre algo.

Al igual que Coherencia en el sentido como lo explica la filosofía de Hegel; la utilidad o pragmática de los resultados según autoría de James Dewey, Rorty, teoría semántica de la correspondencia en el sentido de Tarski, formas Constructivistas de la teoría del consenso de Habermas; y formas dialécticas o interaccionistas sujeto-objeto, de autores modernos, como Lakatos, Morín y Popper, entre otros.

Nivel o Plano Ontológico

En el vértice superior de las pirámides, en el punto más alejado entre las mismas, se ubica el *plano ontológico,* el cual presenta analogía con la naturaleza de lo cognoscible de la realidad, única, preexistente, absoluta según el paradigma positivista coexistiendo independiente del pensamiento del investigador.

Mientras que por el contrario, puede ser una situación versionada y cimentada desde lo social mediante interacciones intersubjetivas entre el investigador con los actores sociales, tal como lo consideran los paradigmas emergentes, también denominados alternativos, y por consiguiente trabaja en la perspectiva metodológica cualitativa.

Sobre la base de los planteamientos anteriores, al reflexionar se puede afirmar según Bericat, E. (Ob Cit.: p. 18), que "ningún investigador debe emprender una investigación sin haber clarificado precisamente qué paradigma informa y guía su modo de abordar el problema"; puesto son éstas las que le confieren la oportunidad de posicionarse de la realidad que pretende estudiar, conocer cómo será su relación con lo investigado, de qué manera logrará el conocimiento, mediante métodos, técnicas, instrumentos y procedimientos para obtener la información, lo cual significa, que los paradigmas superponen de manera coherente los planos del conocimiento: ontológico, epistemológico y metodológico.

En otro orden de ideas, es importante destacar que la comparación piramidal que Bericat hace de los paradigmas de investigación, contienen las siguientes restricciones:

• La eventual posibilidad de unión de ambas pirámides, se puede o se podría dar solo por sus bases, al estar una al lado de la otra, lo cual ayudaría a que se toquen.
• La gran altura en la cual permanece lo teórico, crea el distanciamiento del observador o investigador sobre el mundo empírico.
• La doble pirámide también presenta problemas de grave magnitud, aunque es paradójico con las gran-

des ventajas que aporta al proceso de investigación. La gravedad viene dada, porque éstas permiten de forma marcada el Equivocismo, como posibilidad que tienen de causar una equivocación o confusión, además de ser la diferencia del significado y de la aplicación, teniendo tendencia al relativismo y subjetivismo, a diferencia del Univocismo, que auspicia a la identidad entre el significado y su aplicación, en una idea positivista pero fuerte que pretende objetividad.

Entre ambos elementos, surge la hermenéutica analógica, la cual trata de evitar actitudes radicales, abriendo el margen de las interpretaciones desde las dos hermenéuticas extremas, es decir, la hermenéutica positivista o modelo univocista y la hermenéutica romántica o modelo equivocista, para luego jerarquizar las ideas de manera ordenada, logrando una interpretación lógica del hecho investigado.

Por último, es preciso señalar que, algunos investigadores en su ambición de búsqueda permanente, adoptan algunas posiciones con las que se identifican al defenderla con vehemencia, asumiendo un profundo compromiso en la defensa de cualquiera de los dos paradigmas o enfoques tradicionales, con sus perspectivas cualitativa o cuantitativa, indagando a profundidad en él terminando la mayoría de las veces haciendo del paradigma parte de su propia vida el cual preservan a ultranza; otros investigadores y autores, consideramos que es posible la combinación de ambas perspectivas, tal cual lo plantea Eduardo Bericat cuando aporta como estrategia de integración o combinación la Doble Pirámide de la Investigación Social y posteriormente la legitimidad indiscutible de la complementariedad, en busca de lograr la amplitud del conocimiento en lo social.

Estrategias y Aplicación de la Integración Metodológica

En este aspecto me refiero a la unificación o combinación de las perspectivas, que implica la contingencia de hacer converger en una misma intencionalidad investigativa, los métodos de las perspectivas cualitativas y cuantitativas, de tal manera que esta alternativa, permite sustentar la integración metodológica. Asimismo, viene dada por el empleo de ambas metodologías, pudiendo acceder desde cada una de ellas al objeto de estudio de manera separada. Según Bericat, E. (1998, p. 37), esta integración metodológica propone tres (3) estrategias, a saber:

• *La Complementación*: como maestría que profundiza la independencia de métodos y de resultados, dado a que cada uno de ellos, responde de manera específica a las interrogantes que se plantean.

• *La Combinación:* señala el empleo de un método de forma colaborativa en relación con el otro, con el firme propósito de generar la eficacia de la transferencia metodológica, para obtener un resultado único creado por el último método utilizado.

• *La Convergencia o Triangulación:* es la combinación de dos o más teorías, fuentes de datos, métodos de investigación, en el estudio de un fenómeno singular.

Desde esta estrategia se utilizan los métodos de las perspectivas tradicionales para afrontar la realidad en estudio, manteniendo la autonomía en la aplicabilidad de ambas, pero una unificación convergente en los resultados, dado a que se acepta que éstos, tienen la capacidad de aprehender la misma realidad.

Es importante señalar que algunos autores como: Vasilachis, de G. I. (1992), señalan la existencia de diferentes tipos de triangulación, entre los cuales están: la de datos, de investigadores, de teorías, y de métodos, pudiendo ser esta última: intrametodológica o intermetodológica.

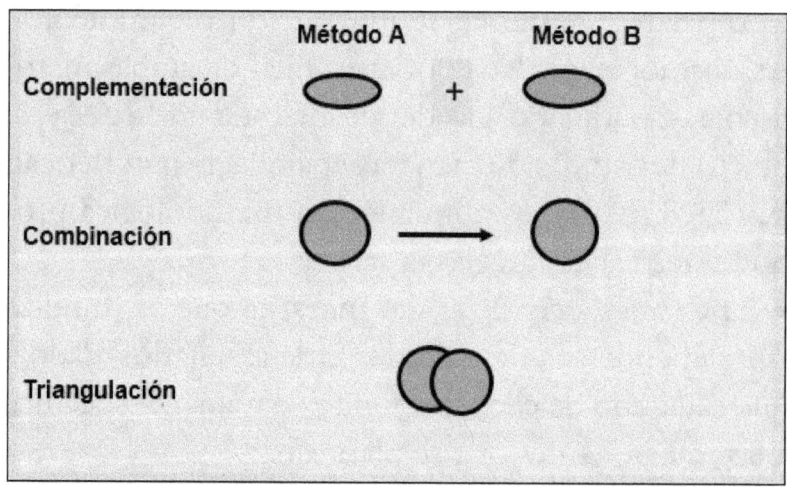

Gráfico 3. Integración de los métodos cuantitativo y cualitativo en la investigación social. Fuente: Bericat, E. (1998, p. 38).

Por otra parte, se puede indicar que el beneficio de la triangulación o convergencia, reside en la posibilidad de establecer en su uso, un amplio juicio de análisis crítico sobre cada uno de los datos o resultados obtenidos, logrando identificar fortalezas y debilidades, así como intereses y necesidades para ser abordados con prontitud. Este tipo de integración metodológica, se clasifica en:

• *Triangulación de Datos:* al referirse a la confrontación de diferentes fuentes de datos en los estudios, y se produce cuando existe concordancia o discrepancia entre estas fuentes.

• *Triangulación de Investigadores*: originada en equipos interdisciplinarios.

• *Triangulación de Métodos*: es aquella en las cuales, las diferencias entre métodos se centran en el procedimiento y tratamiento de la información. En la perspectiva metodológica cualitativa la recolección de datos puede realizarse por medio de técnicas verbales tales como: Entrevistas en profundidad y semi-estructuradas, Narraciones, Grupos de discusión, y Observacionales. Mientras que en la cuantitativa los datos se recopilan mediante encuestas o bases estadísticas.

• *Triangulación Múltiple*: es aquella en la cual se combinan dos o más alternativas de la triangulación.

Diseños Multimétodo en la Investigación

Son, innegables las diferentes realidades que confrontan los sistemas sociales en el ámbito: mundial, latinoamericano, y venezolano que implican entornos con distintas economías, al igual que culturas; por lo tanto no puede abordarse la investigación en esos desiguales contextos con los mismos enfoques y dar respuestas a todas las necesidades o expectativas, puesto que cada uno pudiera presentar objetivos e intereses particulares.

Entre estos contextos por ejemplo, la educación y sus distintos niveles, así como otras áreas sociales enfrentan incomparables problemáticas; entonces ¿cómo se sale de ese entramado de situaciones que hacen de su realidad algo tan complejo? ¿Cuál puede ser el núcleo que fusione esas difíciles situaciones de las expectativas familiares, la organización, y el currículo escolar? Cada una de estos escenarios es a su vez complicado, y variado. ¿Cómo resolverlos?

Es importante considerar que situaciones complejas requieren soluciones semejantes, y por ello los investigadores debemos buscar alternativas que involucren cambios que accedan al encuentro de argumentaciones a cada problemática, aplicando el método pertinente a cada una. Por lo tanto, se demanda de profesionales investigadores que manifiesten la capacidad de acoger tanto la perspectiva cuantitativa como la cualitativa, sin privilegio por alguna, y tener la capacidad de reflexionar de forma categórica frente a la realidad sobre la cual gira su investigación, de acuerdo a los resultados que presente con la aplicación de las dos perspectivas metodológicas tradicionales de investigación.

Sobre la base de lo antes expuesto, el investigador debe estar emplazado a buscar nuevos espacios que le ofrezcan una mayor aproximación a la explicación y comprensión de la realidad social, lo cual pudiera lograr con el tributo que le proporciona la integración de métodos, al dar paso al rompimiento de las fronteras de concepciones metodológicas rígidas, que hagan posible explorar la realidad de manera más integral en su observación, conceptualización y dirección.

De igual manera es importante, que los investigadores hagamos uso de la tecnología de información y comunicación, debido a que le proporciona múltiples recursos al aportar el acceso a la información por medio de la web, el software, programas, las aplicaciones, entre otras, con los cuales se logra analizar, crear y compartir información.

Por tal razón, se podría considerar a dichas tecnologías como un enlace que accede a la interacción entre los diferentes enfoques, para acercarse a los aspectos teóricos, epistemológicos, paradigmáticos y metodológicos de cada uno, con el fin de indagar y seleccionar el más adecuado, el cual va a orientar su investigación al desarrollar elementos del software para la obtención de información.

En ese orden de ideas, Ruiz, C. (2008, p.17), propone que la realidad virtual podría ser un fenómeno objeto de estudio en búsqueda de comprender lo que dice Levy en 1998, cuando afirma: "lo virtual no se opone a lo real sino que tiene una realidad propia, permanece almacenado como posible y se hace real mediante su actualización".

En ese sentido, las TIC facilitan e intervienen en el trabajo del investigador, dejando de lado las discusiones aún existentes entre las perspectiva metodológicas tradicionales, al crear nuevas formas de interacción entre una y otra, fortaleciendo los métodos de ambas en el logro de los objetivos, para brindar un acercamiento a la comprensión de la realidad social, analizando y reflexionando sobre la posición epistemológica a la hora de plantear el problema.

Así mismo, el investigador debe considerar que el análisis de resultados es transcendente, pues de él depende el nivel de convicción y validez de la investigación, así como, el conocimiento obtenido sobre el objeto de estudio; por tal razón, al utilizar el enfoque Multimétodo se propicia el acercamiento y comprensión del mismo, en la fiabilidad, al igual que en la estricta tenacidad con la cual fue estudiado, analizado, confrontado, así como validado por medio de la triangulación.

De acuerdo con la profesora Chatterji, M. (2015), los programas educativos son interposiciones de campo complejas desde lo social, que no se pueden intervenir y estudiar con facilidad en las organizaciones abiertas, lo cual quebranta los supuestos teóricos de los diseños experimentales y cuasi-experimentales, por lo que se precisa que éstos apelen a formas y estrategias para afrontar las complejidades del mundo real.

Es por ello, que se requieren evidencias profundas que puedan ser empleadas por quienes buscan entender y utilizar los resultados para optimizar sus programas en determinadas condiciones sociales. Al respecto, surgen preguntas complejas, difíciles de responder mediante el uso de una sola metodología, entre ellas: ¿Qué es lo que funciona? ¿Cuándo y cómo funciona? ¿Se puede acrecentar la aplicación de un programa y reproducir sus resultados? ¿Cuáles son los costos y las derivaciones de los eventos alternativos?

Las fórmulas metodológicas requieren tener en cuenta las variables del mundo real y de los sistemas abiertos. Necesitan concertar variables dentro de los modelos lógicos y lograr los hallazgos significativos, considerando el contexto en el cual se utiliza el programa. Por las razones antes expuestas, se demandan diseños multi-método, multi-fase, para reunir evidencias reveladoras que satisfagan las necesidades de las partes interesadas en contextos reales. La Dra. Chatterji, simplificó las líneas fundamentales para la aplicación de los diseños ETMM (multi-fase, multi-método), del modo siguiente:

• Realice preguntas de evaluación compuestas para satisfacer las necesidades de las partes interesadas.

• Estudie en profundidad el programa en el contexto social / organizacional, con un diseño multi-fase: Fase 1 formativa, con estudios exploratorios en etapas iníciales para comprender el contexto. Fase 2 sumativa, con estudios que ratifiquen los hechos cuando el programa avanza, para examinar los efectos, con variables de contexto como factores.

• Utilice los modelos lógicos fundamentados en sus contextos para comprender el programa, mapear su contexto, identificar las variables y enunciar preguntas

• Facilite la retroalimentación formativa al personal que ejecuta el programa para perfeccionar la fidelidad de la implementación del mismo, antes que los efectos sean valorados de forma sumativa.

• En ambas fases, recurra con pertinencia a los tipos de diseños cuantitativos y cualitativos, (Multimétodo), así como a las pruebas para extraer conclusiones exhaustivas sobre lo que funciona, cuándo, cómo, y en qué medida sus efectos serán generalizables. La Dra. Chatterji culminó su disertación expresando: Buscando lo mejor. La popularidad y aceptación de los enfoques mixtos en diferentes campos va en aumento.

Por último es importante destacar, que el estatus del enfoque Multimétodo según Eckardt, en 2007, (citado por Ruiz, C. 2008), ha tenido una expedita admisión en variadas áreas y contextos de investigación, así lo revelan los datos ofrecidos por la Asociación Norteamericana de Investigación Educativa (AERA), en la cual muestran que durante la convención anual de dicha asociación, en los años 2006-2007, este enfoque tuvo un promedio del 23,5 % de las ponencias presentadas. Así también, exhibió un 21,59 %, del total de ponencias del área educativa desplegadas en la LVII Convención Anual de la Asociación Venezolana para el Avance de la Ciencia (ASOVAC), al dejar ver, que dicho enfoque ha lucido un porcentaje significativo de aceptación entre los investigadores.

Al confrontar con Crotty, M. (1998), se pudo observar que plantea cuatro aspectos que establecen los fundamentos para diseñar un proyecto de investigación:

• ¿Qué epistemología, teoría del conocimiento incluida en la perspectiva teórica se declara en la investigación tales como, objetivismo, subjetivismo, u otros?

• ¿Qué perspectiva teórica, posicionamiento filosófico subyace detrás de la metodología en cuestión: positivismo, pospositivismo, interpretativismo, teoría crítica, entre otros?

• ¿Qué metodología, estrategia o plan de acción que relaciona los métodos con los resultados, guía la opción y uso de métodos, por ejemplo, investigación experimental, investigación por encuesta, etnografía, u otro?

- ¿Qué métodos, técnicas y procedimientos, se propone usar, cuestionario, entrevista, grupos focales, u otros?

Estas cuatro interrogantes revelan los diferentes niveles interrelacionados de las decisiones que se deben considerar dentro del proceso para diseñar una investigación. Además, ellas formulan una opción de enfoque, ordenando desde los amplios supuestos que se pretenden alcanzar en un proyecto, hasta las decisiones más prácticas que se hacen acerca de cómo obtener y analizar los datos. Las ideas del modelo de Crotty, presentan tres preguntas que orientan el diseño:

- ¿Qué concepción de conocimiento asume el investigador, incluyendo una perspectiva teórica?
- ¿Qué estrategias de indagación darán cuenta de los procedimientos?
- ¿Qué métodos de obtención y análisis de datos se usarán?

Con relación a estas preguntas, concuerdo con Alvarado, J. (2006, p.5), que ellas permiten combinar los tres elementos de indagación: a) concepciones de conocimiento, b) estrategias, y c) métodos, para formar diferentes enfoques que a su vez se convierten en procesos en el diseño de investigación. De lo anterior percibo que los pasos preliminares al diseñar un proyecto de investigación son para *valorar* las concepciones de conocimiento requeridas en el estudio, *considerar* la estrategia de investigación que se utilizará, e *identificar* los métodos específicos. Aplicando estos tres elementos, el investigador puede identificar el enfoque Empírico Analítico, el Fenomenológico-Hermenéutico, o el Multimétodo, entre otros para investigar, como se expresa en el cuadro 3.

Cuadro 3. Concepciones de conocimiento, estrategias de indagación y métodos que conducen a metodologías y procesos de diseño.

Elementos de indagación	Enfoque para investigar	Procesos de diseño de investigación
Concepciones alternativas de conocimiento	Empírico Analítico, el Fenomenológico -Hermenéutico Multimétodo, entre otros.	Preguntas Lente teórico Obtención de datos Análisis de datos Escritura Validación
Estrategias de indagación		
Métodos		
	Conceptualizados por el investigador	Traducidos en práctica

Fuente Alvarado, J. (2006).
Adaptado por Fuenmayor; E. (2021).

Sin embargo Crotty, M. (Ob. Cit.), hace una fuerte crítica a la forma de expresar con frecuencia en textos de investigación social, términos con diferentes significados como si fuesen análogos, confundiendo al nobel investigador; planteando, que no es raro encontrar, interaccionismo simbólico, etnografía, y construccionismo, unos al lado del otro en diferentes rubros como metodologías, enfoques, perspectivas, o algunas similares.

No obstante, no son en verdad comparables. Agrupar dichos términos sin distinción es equivalente a colocar variados condimentos en una cesta como si fuese de un mismo tipo por el hecho de ser comestibles, más no todos ofrecen el mismo sabor, ni se utilizan para los mismos tipos de comidas. Razón por la cual se debe mantener un orden jerárquico.

Al respecto, Alvarado, J. (Ob. Cit.), aporta el gráfico 4, en el cual se percibe la posición de los términos antes nombrados. La epistemología, es una forma de entender y explicar la naturaleza del conocimiento. En tanto el interaccionismo simbólico, la etnografía y el construccionismo necesitan relacionarse con otro término en vez de hacerlo entre sí, porque incluso pueden ser opuestos enfoques, o perspectivas, como para no ubicarlos en la misma posición. Así que, se estudian epistemologías, perspectivas teóricas y metodológicas. Si se suman los métodos, se tienen cuatro elementos que informan unos a otros, en una secuencia como se representa en el cuadro 4, y hacen posible la ejecución de la investigación manteniendo la coherencia epistemológica.

En tal caso el construccionismo es la epistemología, afirmado por la mayoría de los distintos puntos de vista representados en el positivismo y los paradigmas post-positivistas. La epistemología general se encuentra insertada en el interaccionismo simbólico, que en el fondo es construccionista en carácter. De esta manera si se fuese a describir los cuatro aspectos se justificaría mediante la elaboración de una flecha del construccionismo al interaccionismo simbólico para indicar la relación.

La etnografía, es una metodología surgida de la antropología y la teoría antropológica, ha sido adoptada por el interaccionismo simbólico y adaptado a sus propios fines. Por esa razón, la próxima flecha puede ir desde interaccionismo simbólico a etnografía, que a su vez, tiene sus métodos de preferencia. Entonces, se tiene un ejemplo específico de una epistemología, una perspectiva teórica, una metodología y un método.

Gráfico 4. Orden jerárquico de la terminología en investigación
Fuente: Crotty, M. (1998). Traducción y adaptación de la autora

En el cuadro 4, se amplían las relaciones de estos cuatro elementos. Crotty, M. (Ob. Cit. p. 5). Sobre la base de lo antes expuesto por este autor (Ob. Cit. 15), se debe aceptar que, independientemente de la investigación, es posible, ir más allá en la aplicación de los métodos cualitativos, cuantitativos, o mixtos, para servir a los propósitos investigativos, enfocándose en el orden que convenga, sin que esto represente un problema. Lo que parecería ser confuso es la intención de ser a la vez objetivista, construccionista, y, o subjetivista.

Cuadro 4. Relación entre Epistemología, Perspectiva Teórica, Metodología y Métodos

Epistemología	Perspectiva Teorética	Metodología	M Métodos
Objetivismo	El positivismo (y post positivismo, Modernismo).	Investigación Experimental Investigación por Encuesta	Hipotético deductivo aplicando Técnicas de Muestreo Medición y Escalada Cuestionario Análisis estadístico. Entrevista intervenida
Constructivismo Subjetivismo (y sus variantes)	Interpretativismo. -Interaccionismo simbólico		Observación - Participante. -No participante. Grupo de enfoque Estudio de Caso.
	- Fenomenológico. - Hermenéutica.	Etnografía Fenomenología. Teoría fundamentada Consulta heurística.	Método Etnográfico visual. Método Fenomenológico y sus técnicas: Narrativa. Análisis de Contenido. Análisis de Conversaciones. Historia de vida. Método interpretativo, y sus técnicas: Análisis de documentos Reducción de datos Identificación del tema Análisis comparativo. Mapeo cognitivo
	Teoría crítica Feminismo El postmodernismo	Investigación Acción Análisis del discurso Investigación del punto de vista feminista	

Fuente: Crotty, M. (1998).
Adaptado por Fuenmayor Rubio, E. (2019)
Procedimientos con Diseños Multimétodo

En concordancia con Álvarez, J. (Ob. Cit.), estos procedimientos se desplegaron para dar respuesta a la necesidad de depurar la tentativa de concertar datos cuantitativos y cualitativos en una investigación, así como en un programa de estudio; para lo cual se requiere la inclusión de desiguales métodos para obtener diferentes tipos de datos y variadas formas de análisis; la complejidad de estos diseños demanda procedimientos más explícitos, que se desarrollan para satisfacer la necesidad de ayudar a los estudiantes e investigadores a crear diseños comprensibles que incluyan datos así como análisis complejos con el fin de dar respuestas a este tipo de problemáticas.

Cuadro 5. Procedimientos con Diseños Multimétodo

Secuenciales
Concurrentes
Transformadores

Diseño: Fuenmayor Rubio, E. (2020)

➢ *Procedimientos con diseños secuenciales*, son aquellos en los cuales el investigador busca aumentar los hallazgos de un método con otro, indistintamente del orden que se emplee. Se puede desarrollar al inicio aplicando un método cualitativo con propósitos exploratorios, y se continúa con uno cuantitativo empleando una muestra amplia para generalizar los resultados a una población. De manera alterna, el estudio puede iniciarse con uno cuantitativo en el cual se prueban teorías o métodos, y proseguir con el cualitativo que abarque una exploración detallada con unos pocos casos o individuos.

➢ *Procedimientos con diseños concurrentes*, en éstos el investigador concentra datos cuantitativos y cualitativos para proporcionar un análisis comprensivo del problema de investigación. En él se incorporan ambos tipos de datos al mismo tiempo durante el estudio, integrando luego la información en la interpretación de los resultados generales. En este procedimiento el investigador concentra un tipo de datos dentro de otro, y orienta formas más amplias en la recopilación de datos para analizar diferentes preguntas o niveles de unidades en una organización.

➤ *Procedimientos con diseños transformadores*, son aquellos en los que el investigador usa una perspectiva teórica como una representación que cubre un diseño con datos tanto cuantitativos como cualitativos; dicha perspectiva proporciona un marco para los tópicos de interés, con relación a los métodos para obtener datos, y los resultados o diferentes situaciones previstos en el estudio. Tal como incorporar un método de obtención de datos con un procedimiento secuencial o uno concurrente. No obstante, es importante que el investigador tenga claridad sobre los componentes de los procedimientos con enfoque Multimétodo, la naturaleza de la investigación, el tipo de estrategias que va a implementar para su estudio, así como cuáles serán los criterios para su selección. Al respecto tenemos:

Componentes de los procedimientos

Los componentes para ejecutar los procedimientos en investigaciones con enfoque Multimétodo requieren anticipar la naturaleza de la investigación y el tipo de estrategia que se propone en el estudio; la necesidad de un modelo visual del enfoque, los procedimientos específicos de obtención y análisis de datos, así como la estructura para presentar el informe final.

➤Naturaleza de la investigación

Debido a que el Multimétodo es de implementación relativamente nueva en investigación tanto en las ciencias sociales como humanas, es importante señalar en el proyecto, la definición y descripción básica, con el fin de orientar a quien tenga que revisarlo para así no crear falsas imprecisiones; por lo cual podría incluir los siguientes aspectos:

• Narrar una sucinta historia de su evolución, nombrando algunas fuentes que lo identifiquen en la psicología y en la matriz Multimétodo de Campbell y Fiske, en 1959, e interesarse en converger o triangular diferentes fuentes de datos, tanto cuantitativos como cualitativos así como en ampliar las razones y procedimientos para combinar métodos.

• Definir la investigación con dicho enfoque justificando su incorporación, al orientarse en la obtención y análisis de datos tanto cuantitativos como cualitativos en un mismo estudio. Enfatizar las razones por las que el investigador emplea ese diseño, ampliando la comprensión de un método a otro, la convergencia, o la confirmación de los hallazgos desde diferentes fuentes de datos. No perder de vista que la *combinación* podría estar presente en un estudio o varios, así como en un programa de investigación. Abordar el creciente interés investigativo con este enfoque que se viene pronunciando en libros, artículos de revistas científicas, algunas disciplinas y proyectos.

- Destacar los retos que este enfoque de investigación plantea para el investigador, al circunscribir la necesidad de buscar una amplia obtención de datos, el tiempo extenso que implica su análisis con textos y números, así como la importancia de estar adaptado a realizar investigaciones con metodologías mixtas.

➢ **Tipos de estrategias**

Cuando se realiza un proyecto de investigación con enfoque Multimétodo se requiere indicar la estrategia de obtención de datos que se va a emplear; al igual que los criterios para elegir dicha estrategia. Razones por las cuales se requiere tomar decisiones con relación a reflexiones al optar por determinada estrategia de indagación, tales como:

¿Cuál es la disposición u orden mediante el cual se van a obtener los datos cuantitativos y cualitativos en el estudio?

¿Cuál será la prelación o prioridad dada al análisis de datos cuantitativos y cualitativos?

¿En qué fase del proyecto de investigación se totalizarán los hallazgos de los datos cuantitativos y cualitativos?

¿Cuál perspectiva teórica global, tales como: género, etnia, estilo de vida, clase social, entre otras, será empleada en el estudio?

- **Disposición u Orden**

Los datos se colocan en una disposición u orden que se consigue dependiendo de la intención que tenga el investigador sobre el proyecto, lo cual lleva a agenciar los datos cuantitativos o cualitativos en fases o de manera secuencial, o los obtienen al mismo tiempo de manera concurrente.

Cuando se recolectan en primer lugar los datos cualitativos, la intención es explorar el tópico en el lugar donde se encuentran los versionantes; ampliando luego la comprensión por medio de una segunda fase en la que se adquieren datos de un número representativo de personas. Mientras que cuando los datos se consiguen de manera concurrente, tanto los cuantitativos como los cualitativos se reúnen al mismo tiempo en el proyecto, y la disposición es simultánea.

- **Prelación o Prioridad**

Otro elemento a considerar en la selección de una estrategia consiste en asignarle la prelación o prioridad a la perspectiva cuantitativa, o a la cualitativa, en especial en lo relativo al empleo de datos cuantitativos y su análisis. Dicha prelación también puede ser similar o estar inclinada hacia los datos cualitativos o a los cuantitativos. Cuando ella se orienta hacia determinado tipo de datos obedece a los intereses del investigador, la audiencia a quien se dirige el estudio, sea el comité de profesores, una entidad profesional, u otro; al igual que a lo que el investigador requiere destacar en el estudio.

En la práctica, la prelación en un estudio con enfoque Multimétodo se aprecia en estrategias tales como: si se resalta en primer lugar la información cuantitativa o la cualitativa, el alcance del tratamiento de un tipo u otro de datos, así como el uso de una teoría a manera de un marco inductivo o deductivo.

- **Integración o Unificación**

La integración de los tipos de datos puede acontecer en varias fases durante el proceso de investigación:

ella puede realizarse en la obtención de datos, en el análisis de los mismos, en la interpretación o en alguna combinación de estas fases. La integración significa que el investigador une los datos. Cuando se ejecuta en la *obtención de datos,* dicha combinación podría implicar la redacción de preguntas abiertas con preguntas estructuradas en una encuesta.

Cuadro 6. Opciones de decisión para determinar la estrategia de indagación con enfoque Multimétodo

Disposición u Orden	Prelación o Prioridad	Integración o Unificación	Perspectiva Teórica
Concurrente o Simultáneo	**Similar**	Se realiza en la obtención de datos	Se debe hacer de forma Explícita
Secuencial, en primer lugar los datos cualitativos	**Cualitativo**	Se realiza en el análisis de datos	
		Se realiza en la interpretación de datos	
Secuencial, en primer lugar los datos cuantitativos	**Cuantitativo**	Se realiza por medio de alguna combinación	Se puede hacer de forma Implícita

Fuente: Creswell, J. W. (2003). Adaptado por Fuenmayor Rubio, E. (2020).

Integrar en la *fase de análisis o en la interpretación de datos* llevaría a involucrar la transformación de temas o códigos cualitativos en números mediante el uso de un baremo, y comparar esa información con resultados cuantitativos en una sección de *interpretación* del estudio. El lugar de dicha integración en el proceso se corresponde con la existencia de fases, o en secuencia, aunque también se puede realizar en una sola fase concurrente de obtención de datos.

- **Perspectiva teórica**

El elemento final consiste en considerar la existencia de una argumentación teórica más amplia que oriente el diseño completo, ésta puede originarse de las ciencias sociales o de un ente de apoyo participativo, tales como una variedad, una casta, una etnia, una clase social, una comunidad, una organización, u otro.

Aunque todos los diseños tienen teorías implícitas, los investigadores al emplear el enfoque Multimétodo logran plantear de manera explícita la teoría como un marco que sitúe el estudio, el cual operaría con carácter independiente a la disposición, prelación, y las características de integración de la estrategia de indagación.

➢ **Necesidad de un patrón visual del enfoque**

Cuando los investigadores trabajan con enfoque Multimétodo acceden tomar decisiones para seleccionar una estrategia particular de investigación que permita lograr un patrón visual del enfoque. Sin embargo, a pesar que éste no es absoluto, en cuanto a la condición de darse varias posibilidades, pudieran seleccionar algunas de las que se presentan a continuación las cuales actuarían como estrategias opcionales para un proyecto de investigación, adaptándolas a las que presenta Creswell, J. W. (2003); porque de esta manera comprendería una descripción de la misma y un patrón visual de ese enfoque, así como los procedimientos básicos que el investigador esgrimiría en la implementación de dicha estrategia. Para una mayor comprensión les presento algunas, que describo a continuación y se instruyen en los siguientes cuadros:

- **Estrategia concurrente de triangulación**

La estrategia concurrente de triangulación es tal vez la más conocida cuando se trabaja con enfoque Multimétodo, ella se emplea cuando el investigador recurre a dos métodos disímiles en un intento de corroborar, disentir, o confirmar hallazgos en el estudio En este caso se recurre a métodos cuantitativos y cualitativos por separado con el fin de subsanar las debilidades inherentes de uno de los métodos con las fortalezas del otro. En tal proceso la obtención de datos cuantitativos y cualitativos es concurrente, debido a que se realiza en una sola fase de la investigación.

Cuadro 7. Estrategia concurrente de triangulación

Datos Cuantitativos	más	Datos Cualitativos
Procesamiento de datos Cuantitativos	⟷	Procesamiento de datos Cualitativos
Análisis de datos Cuantitativos	Resultados comparados de los datos	Análisis de datos Cualitativos

Fuente: Creswell, J. W. (2003).
Adaptado por Fuenmayor Rubio, E. (2020).

No obstante, se mantiene la prelación en los dos métodos de forma indiscriminada, por lo tanto la misma se le adjudica a cualquiera de las dos perspectivas. Esta estrategia de manera frecuente *integra los resultados* de ambos métodos *durante la fase de interpretación;* la cual puede presentar concordancia de los hallazgos como una manera de fortalecer los supuestos del conocimiento en el estudio, o explicar cualquier ausencia de la misma que se presentase.

Tabla 1. Ventajas y limitaciones del patrón concurrente de triangulación

Ventajas	Limitaciones
Es conocido por la mayoría de los investigadores.	Requiere gran esfuerzo y habilidades para estudiar un fenómeno con dos métodos por separado.
Puede conducir a resultados válidos y probados.	Puede presentar dificultades al comparar los resultados de dos análisis usando diferentes tipos de datos.
La obtención de datos se realiza en un periodo más corto.	Se pueden presentar dificultades para resolver las discrepancias surgidas de los hallazgos, por lo que se requiere una clara y precisa redacción.

Diseño: Fuenmayor Rubio, E. (2020).

Estrategia concurrente anidada

La estrategia concurrente anidada se caracteriza por el uso de una fase de obtención de datos, durante la cual se recogen de manera simultánea datos cuantitativos y cualitativos, y un método preponderante que orienta el proyecto. El de menor prelación sea el cuantitativo o el cualitativo se agrega o se anida en el método considerado con predominio. Esa incorporación atiende al hecho que el método de menor prelación se direcciona por medio de una *pregunta* diferente a la que pauta al dominante o en la búsqueda de información de otros *niveles,* combinando los datos adquiridos por ambos métodos durante el análisis. Es importante resaltar que puede o no tener una configuración teórica como guía.

Cuadro 8. Estrategia concurrente anidada

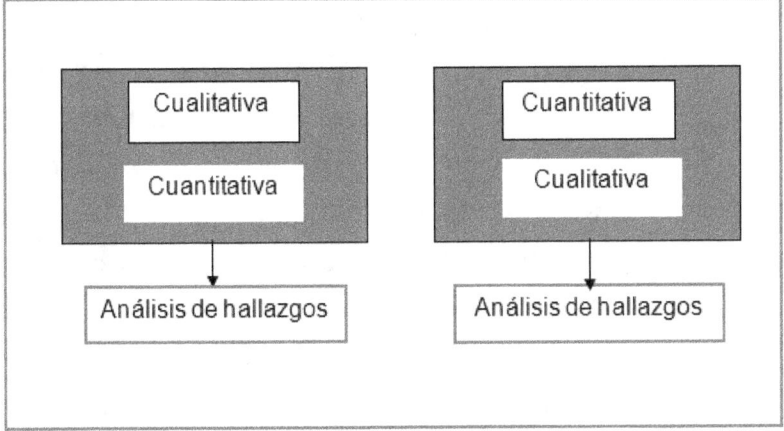

Fuente: Creswell, J. W. (2003).
Adaptado por Fuenmayor Rubio, E. (2020).

Tabla 2. Ventajas y limitaciones del patrón de estrategia concurrente anidada

Ventajas	Limitaciones
El investigador logra obtener dos tipos de datos de manera simultánea durante una sola fase de obtención de los mismos.	Se requiere transformar los datos de alguna manera para integrarse dentro de la fase de análisis de la investigación.
Al emplear dos métodos diferentes, el investigador puede obtener más diseños de los diferentes tipos de datos o disímiles niveles dentro del estudio.	Existe limitada literatura sobre este proceso en comparación con los métodos tradicionales.
	Hay pocas recomendaciones disponibles acerca de cómo resolver las discrepancias entre los dos tipos de datos. Aunque se puede realizar una conversión mediante un baremo. Requiriendo de la creatividad e ingenio del investigador.
	Por presentar diferentes prelaciones, ésta resulta con evidencias desiguales dentro de un estudio, lo que daría un poco más de trabajo, para interpretar los resultados finales.

Diseño: Fuenmayor Rubio, E. (2020).

- **Estrategia concurrente transformadora**

La estrategia concurrente transformadora se guía por el uso que hace el investigador de un modelo teórico específico, el cual se puede fundamentar en ideologías tales como la teoría crítica como apoyo, la investigación participante, o un marco teórico o conceptual. Dicho modelo se refleja en los propósitos u objetivos de la investigación, o en las preguntas del estudio.

Concuerdo con Álvarez, J. (Ob. Cit.), que la fortaleza presente en una investigación está en las decisiones metodológicas, tales como: la definición del problema, la identificación del diseño, las fuentes de datos, el análisis, la interpretación, así como el informe de resultados durante el proceso de investigación, al tomar la decisión de utilizar un patrón concurrente, bien sea por triangulación o por diseño anidado, para facilitar el mismo. Es el caso del diseño anidado para dar voz a diversos participantes en los procesos de cambio de una organización que se inicia con perspectiva cuantitativa; lo cual puede implicar una triangulación de datos cuantitativos y cualitativos para mejorar la información y proporcionar evidencias de desigualdades injustas o mal empleadas en la práctica de políticas en la organización.

Así, el patrón concurrente transformador puede asumir las características de un diseño de triangulación o uno anidado. Esto significa que se obtienen los dos tipos de datos en el mismo momento durante su fase de recolección, y éstos pueden tener la misma o distinta prelación. La *integración* de dichos datos diferentes ocurriría durante la *fase de análisis*, aunque puede darse una variación cuando se realiza en la *fase de interpretación*; debido a que el patrón concurrente transformador comparte características con los modelos de triangulación, y el anidado, por lo tanto también presenta sus fortalezas y debilidades específicas.

Cuadro 9. Estrategia concurrente transformadora

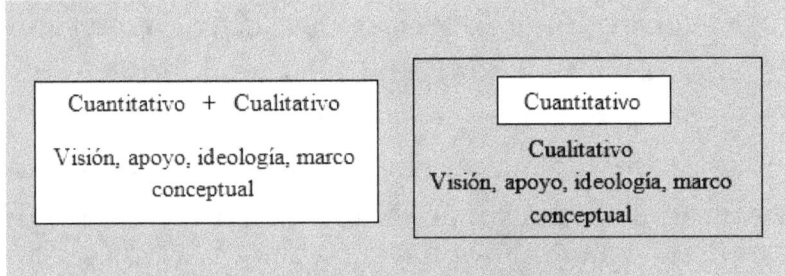

Fuente: Creswell, J. W. (2003).
Adaptado por Fuenmayor Rubio, E. (2020).

Sin embargo, éste tiene la ventaja adicional de posicionar la investigación con enfoque Multimétodo dentro de un marco transformador, lo cual puede hacerlo en especial atractivo para los investigadores cualitativos o cuantitativos que ya utilizan un marco transformador para guiar sus indagaciones.

➢**Procedimientos de análisis y validez con Enfoque Multimétodo**

Otro aspecto a describir en el análisis de datos en la investigación con enfoque Multimétodo, es la serie de pasos a razonar para analizar la validez de los datos cuantitativos y la precisión de los hallazgos cualitativos. Los autores recomiendan los procedimientos de validez para las fases cuantitativa y cualitativa del estudio; por lo que se requiere del investigador presentar la validez y la confiabilidad alcanzadas en los instrumentos a utilizar en el proceso investigativo. Así mismo de incorporar las potenciales amenazas a la validez interna para los experimentos y las encuestas.

En el caso de las entrevistas en investigaciones con perspectiva cualitativa dicha validez y confiabilidad se dan en la medida que el análisis se va cimentado en los resultados obtenidos de la investigación mediante la triangulación de los datos, analizando los mismos provenientes de diferentes fuentes.

Este procedimiento sirve para validar los resultados alcanzados en el estudio, al lograr mayor control de calidad en el proceso de investigación, garantía de validez, credibilidad y rigor de dichos resultados, porque al triangular se determinan las intersecciones o coincidencias y diferencias de las apreciaciones, fuentes o puntos de vista del mismo aspecto.

Una investigación se puede desarrollar emprendiéndola por medio de una única perspectiva según convenga, o mediante ambas aplicando alguna de las estrategias vistas antes como son la complementación, combinación, o triangulación, para abordarlas de forma alterna en distintos momentos; aunque también se logra haciéndola con diferentes objetivos específicos, iniciando con la perspectiva cualitativa en la cual se organiza la información, y se codifica para luego continuar con la perspectiva cuantitativa; o viceversa con el fin de describir algunas tipologías o características, y después ahondar en el conocimiento de éstas aplicando el proceso metodológico cualitativo.

Cuando el emprendimiento se diseña bajo la perspectiva cuantitativa, se parte de la confección del cuadro de operacionalización de variables, lo cual permitirá la construcción de instrumentos estructurados, mediante preguntas cerradas con códigos numéricos, aunque también se admite preguntas abiertas con valoraciones acordadas con antelación. Dichos instrumentos aceptan el empleo de técnicas estadísticas para determinar la validez y la confiabilidad; de éstos los cuestionarios son los más utilizados para obtener los datos, pero también se emplean las escalas, las guías de entrevista estructurada o no estructurada focalizada, y las escalas de estimación, entre otros. En este caso es conveniente para el análisis de los resultados utilizar un Programa computarizado tales como Excel, el SPSS, u otros.

Para emprender el análisis de los datos bajo la perspectiva cualitativa, es conveniente efectuar los pasos que a continuación se nombran: En la primera fase se ejecutan varios procesos tales como:

• Digitalizar la información, sean entrevistas o registros anecdóticos, debe transcribirse la información completa en un procesador de texto con el fin de anexarlas al Programa Atlas-ti, u otros y emplearlas en el desarrollo, debido a que admiten numerar las líneas de cada documento para identificar con facilidad los fragmentos de texto categorizados.

• De acuerdo con Fuenmayor Rubio, E. (2018), la versión 8, al citar a Martínez, M. (Ob. Cit.), se considera la Unidad Hermenéutica (UH) como un todo integrado, conformando la estructura básica del programa con relación a los documentos primarios (entrevistas), y las citas de éstos, también contiene los íconos para incorporar categorías, dimensiones, códigos, redes estructurales, memos, y comentarios, que en conjunto son la fuente de las unidades temáticas, importantes para sustentar el análisis y confrontar con los autores con quienes se desarrolla el marco referencial.

• Revisar la información varias veces a fin de detectar posibles vías para la categorización, iniciando ésta con las unidades de análisis, las cuales pueden ser intervenciones completas, párrafos o frases de la entrevista. Este proceso se puede hacer con una matriz de categorías elaborada con antelación, o asignando categorías que van emergiendo de los datos, según la información en cada unidad de análisis.

• Organizar las categorías, indagando otras similares, opuestas o contenidas en terceras para crear subcategorías si las hubiere.

• Identificar relaciones entre categorías, en busca de aquellas que se solapan, cuando se presentan en el mismo párrafo eventos diferentes que aparecen juntos mezclándose bajo ciertas condiciones.

• Una vez establecidos los códigos se aplica la coloración para mejorar la visualización, de la que se determinan los grupos de códigos en el programa, esta fase es metodológica y en ella se realiza la codificación abierta al igual que por lista. La primera de acuerdo con Fuenmayor Rubio, E, (Ob. Cit.), al citar a Strauss y Corbin en 2002, se refiere al proceso de análisis inductivo, por medio del cual se identifican los conceptos, sus propiedades así como sus dimensiones en los datos. Esta fase *consiste* en asignar durante ese proceso palabras o frases, fracturando los datos para sacar a la luz los pensamientos, las ideas, o significados contenidos en los mismos, con el fin de revelar, etiquetar para desarrollar conceptos e ir construyendo los memos y comentarios.

La codificación abierta es *primordial* según Schettini, y Cortazzo, (2015), porque al asignar códigos permite agrupar mediante técnicas y procedimientos, (coloración, subrayado, negrillas, cursivas), aquellos que estén relacionados, con el fin de develar las categorías orientadoras, para desarrollarlas en términos de sus propiedades, asociándolas por medio de hipótesis o relaciones que establecen las dimensiones; proceso considerado de suma importancia para generar la teoría.

Ella se *caracteriza* por ser la base de reducción de los datos al hacer posible clasificar el tipo de información, según diferentes intenciones analíticas, que se realiza en los primeros momentos del análisis, para expandir, transformar y recontextualizarlos en busca de dar apertura a mayores posibilidades analíticas.

Mientras que la codificación por lista, consiste en seleccionar un código de los incorporados en la codificación abierta debido a que la cita guarda relación en su contenido con dicho código. De acuerdo con Martínez, M. (Ob. Cit.), un aspecto muy interesante de este programa son las redes estructurales o diagramas de flujo que origina, porque a partir de éstas puede establecerse todo tipo de relaciones entre los códigos y los grupos de códigos, aspecto que se ejecuta en la segunda fase del proceso denominado de estructuración, consistente en organizar los objetos de construcción en redes gráficas, que mejora el enfoque heurístico de la investigación, la cual se expresa usando la dotación del hemisferio cerebral derecho, por lo que constituye uno de los procedimientos más valiosos en el análisis de los datos cualitativos.

En la ayuda de esta fase, el Atlas ti nos proporciona un editor especial, una especie de pizarra en blanco a la que podemos incorporar las categorías, dimensiones, códigos, memos, comentarios, u otros, permitiendo generar una representación gráfica del análisis. Sin embargo, es importante resaltar que cuando no se posee el Programa, sino un Demo del mismo, la posibilidad de incorporarle información, es limitada, razón por la cual se requiere ser cautelosos y estrategas para emplearlo con el mayor provecho, por las bondades que nos proporciona en el ahorro de tiempo y trabajo. Por ejemplo: incorporar en el Programa las categorías orientadoras como si fueran otras investigaciones para obtener mayor beneficio, al darnos la posibilidad de profundizar en cada una, debido a que éste lo considerará como investigaciones independientes; solo que al final integraremos todos los resultados de dicho análisis, obteniendo mayor profundidad de conocimientos en la investigación.

La determinación de los grupos de códigos en el programa se corresponde con la codificación axial, la cual para Strauss, y Corbin, (Ob. Cit.), es el proceso de relacionar las categorías orientadoras a sus dimensiones, denominada axial porque ocurre alrededor de una categoría tomada como eje, enlazándolas en cuanto a sus propiedades. De esta manera, se obtiene un esquema que facilita la comprensión de los fenómenos proporcionando un camino para terminar de configurar la categoría central caracterizada por su amplitud, consistente en depurar y diferenciar las categorías derivadas de la codificación abierta, tomando aquellas que son más prometedoras en información para una elaboración adicional. Ella se nutre en la medida que se incrementen los testimonios, perfeccionándola al utilizar las preguntas y comparaciones.

Este proceso es importante porque añade profundidad al igual que estructuración a medida que establece las relaciones. Paso del análisis muy significativo porque estamos construyendo teoría; caracterizada por introducir el paradigma como mecanismo analítico conceptual para organizar los datos de manera sistemática, de tal modo que la estructura y el proceso se integren al buscar respuestas a preguntas tales como: por qué sucede, dónde, cuándo, y con qué resultados, cuyo fin es descubrir relaciones entre dichas categorías.

La codificación *selectiva*, es según estos autores, el proceso de integrar y depurar las categorías para generar la teoría mediante un procedimiento de combinación que va dándose con el tiempo, iniciándolo desde el primer análisis, y culminándolo al consolidar la escritura final, para la cual se aplican algunas técnicas así como estrategias de análisis, que permiten refinar la teoría una vez el analista se ha comprometido con un esquema teórico. Además, siempre que hay un reconocimiento existe algún grado de interpretación al igual que de selectividad.

También se puede decir de acuerdo con Piñero, y Rivera, (Ob. Cit.), que la codificación selectiva es la continuación de la codificación axial, en un nivel de abstracción más alto, con el propósito de construir la categoría central en torno a la cual se agrupan las otras categorías integradas para formar el relato, cuyo fin es realizar una panorámica descriptiva del mismo.

De este modo, la categoría central se desarrolla al nutrirse de sus rasgos y dimensiones asociadas a todas las otras categorías, lo cual es posible utilizando partes y relaciones de la codificación. Es importante destacar que este procedimiento de completar los datos, así como, la integración de material adicional culmina al alcanzar la saturación teórica, que se presenta cuando éstos ya no ofrecen información relevante.

Una vez establecida la idea central, las categorías se relacionan con ella mediante oraciones que las explican, utilizando en esta fase de manera conveniente los diagramas, cuadros, así como algún programa computarizado que facilite la labor de generar el modelo. Al tener listo el esquema teórico el investigador puede refinar la teoría, quitar los datos excedentes y completar las categorías poco desarrolladas, las cuales se saturan por medio de una selección teórica adicional.

Los tres componentes más importantes de la investigación con perspectiva cualitativa de acuerdo con Strauss, y Corbin, (Ob. Cit.), son: los *datos,* sus diferentes *procedimientos analíticos e interpretativos,* que sirven para arribar a resultados o teorías, y los *informes escritos o verbales.*

Esos datos tienen relación con la pregunta de investigación, y fueron recolectados con intencionalidad en situaciones naturales, con el fin de capturar la complejidad de la realidad social para interpretarlos de manera sucesiva, dando origen a la teoría con muchos conceptos relacionados, de los cuales se detalla la complejidad que yace en ellos, detrás y más allá de ellos, transpolando ideas de diferentes contextos, de otras disciplinas, mediante la interacción con los mismos, las ideas sustantivas, y derivadas de la literatura de investigación, para generar teorías formales.

Según Vasilachis, y otros, (Ob. Cit.), los datos deben ser ricos para enfatizar la experiencia de las personas, al conferirle significado en sus vidas a sucesos, procesos, y estructuras. De igual manera, al realizar el análisis en una investigación con perspectiva cualitativa, debemos explorar y exponer nuestro análisis al igual que los procedimientos con la veracidad que sea posible, para dar cuenta de él, al tiempo de informar los resultados, para que se puedan alcanzar similares alcances al reproducir el procedimiento analítico. No obstante, debemos recordar que en investigaciones con esta perspectiva, sobre todo cuando son fenomenológicas, éstos son conclusivos, no concluyentes.

• En cuanto a la teoría, ocupa un lugar preponderante en la investigación con perspectiva cualitativa; según Fuenmayor Rubio, E. (Ob. Cit.), al citar a Coffey, y Atkinson, en 2003, quienes expresan que para teorizar aplicando la Teoría Fundamentada, se requiere realizar tres procesos metodológicos sobre los datos: Organización, Categorización así como Descripción, y Codificación. Al igual que tres procesos intelectuales que van más allá de los datos, que son: Análisis e Interpretación, Teorización, y Generalización.

Es importante destacar que, tanto los procesos metodológicos como los intelectuales se van desarrollando en simultaneidad, y con ellos van surgiendo las ideas relacionadas con el conocimiento teórico, las tradiciones, literatura investigada, o de otras fuentes de lectura; de lo que puede surgir la generación o préstamo, de lo llamado por Blúmer, en 1969, conceptos sensibilizadores. Una forma pródiga de especular en el proceso de concebir ideas, que según Coffey, y Atkinson, se realiza utilizando el razonamiento o inferencia abductiva como manera de sistematizar una vía alternativa para la investigación bajo la perspectiva cualitativa.

Gráfico 5. Procesos para Teorizar aplicando la Teoría Fundamentada.

Fuente: Coffey, y Atkinson, (2003). Diseño: Fuenmayor, E. (2016).

Este enfoque reconoce darle un papel más importante a la investigación empírica, así como una interacción más dinámica entre los datos y la teoría; ello implica que comenzamos desde lo particular, identificamos un fenómeno, lo relacionamos con conceptos más amplios explorando la experiencia, conocimientos, y el patrimonio de ideas tomadas de las disciplinas trabajadas en el marco referencial, así como de otros campos; por lo tanto dichas inferencias buscan superar los datos para ubicarlos en marcos teóricos interpretativos y explicativos.

En esa búsqueda se incluye lo nuevo, sorprendente o anómalo, para dar otra configuración a las opiniones, facilitando un visión intelectual de mente abierta, forjando juicios de manera constructiva y creativa, al asociar los datos con concepciones que los superen, sin olvidar que las buenas ideas en ocasiones emergen por *serendipidad,* entendida como la obtención del conocimiento no buscado, (los ¡Eureka!), la cual debe ser estimulada por medio de una esmerada preparación intelectual.

Las ideas concebidas se usan como referente por analogías, de las que surgirán símiles o metáforas que pueden referirse a otras formas de comparación. Todo este proceso lingüístico vincula los datos con otros dominios sociales, generando conceptos y teorías formales.

También es importante destacar que durante la teorización, se realizan varios procesos intelectuales sobre los datos con el fin de percibir, comparar, contrastar, añadir, ordenar, establecer relaciones, y especular. Sin embargo, por las características de las realidades sociales de ser dinámicas, abiertas, creativas, así como contingenciales, es importante señalar que el conocimiento no es definitivo, ni universal.

En la concreción de lo planteado es conveniente se realicen cuadros para develar las categorías abiertas, emergentes, las dimensiones, códigos, y citas de cada versionante al efectuar un análisis de las mismas con la finalidad de identificar cuales se repiten en los discursos de cada uno, (saturación). Proceso que al ser presentado de esta manera permite depurar la categorización de cada unidad temática.

Para construir la interpretación sobre la base de los pasos anteriores, es ventajoso trabajar con un programa computarizado que facilite el proceso de análisis y el ahorro de tiempo. De acuerdo con Hurtado; J. (Ob. Cit.), uno de los más empleados es el Atlas-ti, el cual fue desarrollado en Alemania, en la Universidad Thomas Moore de Berlín. A pesar que existen más de 200 programas informáticos para el análisis de datos cualitativos, éste se encuentra en primer lugar junto con el programa N-vivo.

Así también existen otros para el análisis de datos textuales, tales como el AQUAD, el Nud-ist y el QUALRUS. En general todos ellos son destinados al análisis de datos cualitativos, y se agrupan bajo el nombre de CAQDAS (Computer Assisted Qualitative Data Análisis Software).

El Atlas-ti permite analizar datos relacionados con: Fotografías, Videos, Canciones, Entrevistas, Registros anecdóticos, Diarios. Discursos, Documentos históricos. De igual manera permite realizar el trabajo en conjunto con otros analistas en el mismo documento, por lo que cada uno tiene un código para entrar a éste, facilitando de esta manera el trabajo en equipo.

➢ Estructura para el informe final de la investigación

Cuando en un informe se presentan datos cualitativos se requiere indicar las estrategias a emplear para inspeccionar la precisión de los hallazgos: Éstos pueden incluir la triangulación de fuentes de datos, la revisión de los criterios en la selección de los versionantes, la descripción detallada o ampliada, u otros planteamientos que el investigador considere importante informar.

En tanto la estructura para el informe, debe incorporar: cómo se realizó el análisis de datos, dependiendo del tipo de estrategia seleccionada para el estudio.

Además, debido a que las investigaciones con enfoque Multimétodo en ocasiones resultan poco conocidos por algunas audiencias, es conveniente aportar alguna guía acerca de cómo se estructuró el informe final.

- En los *estudios secuenciales* con enfoque Multimétodo, se sugiere establecer el informe de procedimientos primero con la obtención y análisis de datos cuantitativos, incorporando luego la recopilación con el análisis de datos cualitativos. A continuación, en la fase analítica y de interpretación, comentar cómo los hallazgos cualitativos contribuyeron a confeccionar o ampliar los resultados cuantitativos.

En forma alterna, podría surgir primero la obtención del análisis de datos cualitativos, anexando después la confección del estudio analítico de los datos cuantitativos. En cualquiera de las dos estructuras, el autor debe desplegar el proyecto con dos fases diferentes, así como con escritos desglosados para cada una. Siempre pensando en el lector para quien se escribe, que pudiera tener poca información acerca de este enfoque.

- Así también, en los estudios *concurrentes*, la obtención de datos cuantitativos y cualitativos se presentan en secciones separadas, pero en el análisis y la interpretación se deben combinar los dos tipos de datos para la búsqueda de la convergencia entre los resultados. En este caso la estructura del estudio con enfoque Multimétodo no muestra una distinción entre las fases cuantitativa y cualitativa.
- *Estudio transformador*, en ellos la estructura con frecuencia involucra prever el tópico de apoyo al inicio del estudio y luego recurrir a la estructura secuencial o concurrente como un recurso para emprender el contenido; luego al final, presentar en una sección separada una agenda con el fin de sustituir o

modificar lo que emerge como resultado de la investigación.

Para finalizar este capítulo deseo destacar que existen muchas y variadas formas de acercarse a una temática de estudio, para las cuales se requiere tener claro la posición epistemológica de los investigadores, la naturaleza de la investigación, los recursos disponibles, el esfuerzo por la integración de datos cuantitativos y cualitativos, los fines de la investigación, el interés por adquirir nuevos conocimientos, o promover cambios como parte de los procesos investigativos, entre variadas razones. No obstante lo expuesto en el presente libro se contextualiza esta experiencia concreta, que considero puede ser de utilidad para los docentes e investigadores nóveles.

Tabla 3. Ventajas y Desventajas del uso del Multimétodo en la Investigación Educativa

Ventajas
❖ Por ser un enfoque flexible permite una mayor adecuación para cubrir las necesidades de discernimiento, entendimiento, interpretación y explicación de la realidad en el Multiverso.
❖ Por ser un enfoque relativamente nuevo nos permite ubicarnos en las fronteras de la ciencia, en una posición vanguardista, razón por la cual viene teniendo muy buena aceptación en diferentes círculos y equipos de investigación de organizaciones y particulares en disimiles contextos y áreas a nivel nacional e internacional.
❖ Al ser un enfoque en el cual se integran otros pueden obtenerse resultados confiables al superar las limitaciones de los considerados tradicionales haciendo posible alcanzar una información cuantificable y contextual.
❖ Por poseer tres tipos de diseños: secuenciales, concurrentes, y transformadores se hace posible establecer varias combinaciones de los mismos incrementando otros posible diseños.
❖ Al emplear la triangulación de datos, investigadores, métodos, u otras, hace posible lograr evidencias con alto valor de credibilidad.

Desventajas
❖ A pesar que en este enfoque se respeta la coherencia paradigmática, algunos investigadores pareciera que no lo admiten, al desmerecer sus virtudes negándole su validez epistemológica comprobada en su argumentación. ❖ Representa más dedicación y horas de trabajo al utilizar la integración de dos o más perspectivas.

Fuente: Fuenmayor Rubio, E. (2021).

CAPÍTULO III: PENSAMIENTO COMPLEJO Y EDUCACIÓN. RETOS PARA EL SIGLO XXI

Pensamiento Complejo

Ante las emergentes fuerzas internas y externas que actúan sobre el ámbito social, surge una nueva concepción paradigmática conforme a la mentalidad del hombre actual y hacia allá va dirigida la intencionalidad de estos planteamientos como los concebimos Fuenmayor, E. y Hernández, A. (2015), al señalar que Edgar Morín analiza desde la innovación educativa la posibilidad de instrumentar saberes con haceres; permitiendo la concreción de un pensamiento necesario y complejo, capaz de responder a los requerimientos de las nuevas generaciones que crecen en el inexplorado siglo envolviendo todo con su vorágine incontrolable, traduciendo estas exigencias con la presencia de nuevos conocimientos que conllevan a la realización de acciones como respuesta a éstos.

Dichos saberes y haceres se encuentran interrelacionados en el campo científico, lógico, al igual que complejo, mediados por el ineludible orden sistémico, necesario, para la construcción del conocimiento multidisciplinario y holístico, que demanda hoy en el mundo una imperiosa reforma transformadora e ininteligible del pensamiento.

La reflexión bajo este paradigma, requiere una educación capaz de facilitarle la entrada a elementos propios del ser humano, en el cual se le dé la justa dimensión a los valores asumiéndolos a modo de virtudes, al igual que adoptando la incertidumbre, como medio para la convivencia con el cambio.

En ese sentido, a partir de la asertividad empírica, el conocimiento lideró una educación dogmática, controladora, capaz de sustraer el sentido afectuoso de la lógica de los sentimientos y de la vida afectiva de las personas. En el posicionamiento del pensamiento complejo ella debe inclinarse a interpretar las realidades del hombre que discurren en el desconocimiento del ser humano, siendo capaz de reconocer sus equivocaciones u omisiones por medio de una celosa autocrítica, que genere espacios para la admisión de los propios errores, gestione la indecisión legítima, y reconozca en la memoria cultural, nuestras propias historias como naciones.

En la actualidad, la educación juega un papel trascendental en el desarrollo de las sociedades, con una intervención directa y transformadora de la formación del hombre, con capacidad de instruir y construir el pensamiento, así como de direccionar los sentimientos humanos, dicha intervención, sobreviene como vertiente que canaliza las necesidades de las personas al abrirse como una alternativa posible, para dar respuestas a las necesidades sociales al igual que a los retos del siglo XXI; formándoles con consciencia, capaces de enfrentar los desafíos, al ser sujeto de sus propias transformaciones. Sin embargo, cabe preguntarse: ¿Está la educación en condiciones de ser transformadora, utilizando para ello el pensamiento complejo?

La Educación del sigo XXI debe encargarse de indagar en un sumario complejo y universal, los vínculos y procesos entre los hechos o fenómenos naturales, artificiales, técnicos, culturales, espirituales, u otros, de forma coherente, un marco teórico que englobe las diferentes disciplinas. Una educación en la cual se proyecten como dice Morín (Ob. Cit.), las dos grandes finalidades ético-políticas de este nuevo milenio, consistentes en instituir la democracia en el ánimo del establecimiento de una relación que permita el control mutuo entre la sociedad y los individuos, así como, el forjar la Humanidad, con una consciencia desarrollada capaz de comprender su rol como elemento sustentable en la tierra.

Nos encontramos al frente de un proceso de cambios, reflejados en diversos espacios de la vida, entre los que destacan: el estado climático por la intervención desmesurada del hombre, la conformación de los bloques económicos para favorecer los estados financieros de algunas naciones, posibilidad en el acceso al uso de los sistemas informáticos, así como el manejo de normas y valores en las sociedades. Pero también, es cierto que la vigencia de los conocimientos y de los patrones de conducta, cada vez son más reducidos. Cabe preguntarse: ¿qué ha hecho la educación por responder a esos cambios y transformaciones? ¿Cómo pueden los Docentes prepararse para dichos cambios? ¿Cuáles son los contenidos curriculares que permitirán la formación del individuo, de cara a la educación del futuro?

Si se quiere las tres interrogantes están transversalizadas por el paradigma de la complejidad que Morín, E. (Ob. Cit.) reseña de manera perfecta cuando señala cuales son los siete (7) saberes esenciales que la educación del futuro debería presentar en cualquier sociedad, donde convergen posiciones filosóficas, religiosas, culturales y sociales; entre las que destacan:

• *Las cegueras del conocimiento, el error y la ilusión:* es bien sabido que todo conocimiento arrastra consigo el riesgo del error, e ilusión, y en los administradores de la educación del futuro, está el deber ineludible de afrontar estos dos aspectos; a lo cual Morín, E. (Ob Cit., p. 5) señala: "El error así como la ilusión parasitan en la mente humana desde la aparición del homo sapiens, cuando consideramos el pasado incluyendo al presente, sentimos que han sufrido el dominio de innumerables errores e ilusiones". Esto implica, que la educación no puede permanecer ajena o ciega ante la realidad implícita en el conocimiento humano en todos sus aspectos al mantenerse improcedente a dar a conocer lo que es conocer.

• *Los principios de un conocimiento pertinente:* al problema del conocimiento de los inconvenientes clave del mundo, se enfrenta la educación del futuro por la existencia de saberes desarticulados en forma plena en todos los niveles, es necesario entonces, una reforma paradigmática que permita la concreción de un cambio de aptitud para organizar el conocimiento, es decir, capacidad de organización, con *cuatro dimensiones* insignes, tales como: *el contexto, lo global bien entendi-*

do, (sin la supremacía del poder ni la apropiación de los recursos naturales de los países no desarrollados o en vías de desarrollo), *lo multidimensional y lo complejo.*

• *Enseñar la condición humana:* es imprescindible que la educación de hoy y del futuro, esté centrada en el *Ser* de manera primordial, desde la condición del género, reintegrando dicha condición, debido a que lo humano se encuentra tristemente separado o dividido, desplegando una inconsistencia epistemológica, porque no se puede concebir el elemento humano desde una condición disyuntiva y separada de la realidad del cosmos. La educación del futuro, debe estar orientada a rescatar la dignidad desde la perspectiva humanista e integracionista.

• *Enseñar la Identidad Terrenal:* al parecer el hombre está comprendiendo cuál es su condición como habitante del planeta y tal vez piensa y presenta una nueva actitud, no sólo como individuo, familia o género, Estado o grupo de Estados, sino también como hijo de esta Tierra. De tal manera que de ahora en adelante, con esa toma de consciencia se posibilite el futuro del género humano en el planeta, sin ser más desatendido por la educación, por el contrario se fortalecerá la identidad con la patria grande.

• *Enfrentar las incertidumbres*: el desarrollo de las ciencias durante gran parte del siglo XX, se dedicó a crear sobre la población mundial la incertidumbre, la educación emerge entonces para enseñar estrategias con el fin de afrontar lo conocido, lo inesperado, pero también lo desconocido o por conocer, sin miedo a equivocarnos por estar conscientes que podemos rectificar.

- *Enseñar la comprensión:* la educación del futuro, ha de convertirse en medio y fin de la comunicación humana, con un alto nivel comprensivo en todos los niveles, para apropiarse del logro de reformas mentales que lleven al ser humano a hacer consciencia sobre la actitud con sus congéneres, pero también con el resto de los seres con los que convive, para beneficio mutuo.
- *La Ética del género humano*: la educación del futuro debe conducir a la adquisición y práctica de una antropoética, soslayando el aprendizaje de la ética con lecciones trilladas de moral, por una educación capaz de formar *mentes a partir de la conscienciación* como ser humano que de manera simultánea es persona y *miembro de una sociedad diversa, multiétnica y pluricultural.*

Para la educación del futuro, en especial para la de comienzo del siglo XXI, la expresión plena de los individuos representa lo ético del hecho educativo, lo cual, supone a la vez, el desarrollo de las sociedades, haciéndolas más humanas, más libres y capaces de emprender sin obstáculo un caminar ascendente hacia el logro de sus plenas potencialidades, para situarse al servicio de todos en el marco del humanismo e integracionismo, en el que hombres y mujeres con un amplio conocimiento de la unicidad nos posesionemos de manera consciente de la realidad, al asumir que este planeta es el único hogar que tenemos para convivir como miembros en este sistema, razones de sobra para cuidarlo y propiciar la sustentabilidad.

Epistemología del Pensamiento Complejo

El pensamiento complejo planteado por Morín, desde su concepto de la complejidad humana como a partir de sus producciones sobre los procedimientos o métodos, educación, ciencia y consciencia de la complejidad, ha introducido en las Ciencias Sociales una discusión que involucra no sólo el argumento de la epistemología, sino también, a la filosofía propia del ser humano, su existencia, finalidad dentro del universo, su manera de ser, al igual que de existir con la condición de un individuo o ser, tanto bioético, como antropológico, sociológico, en un medio que lo hace cosmopolita del mundo y del universo, con una superioridad biológica en relación con las demás especies que habitan el planeta por sus capacidades de discernimiento únicas, (que lo obligan a tener consciencia de la responsabilidad de cuidar del resto de los seres vivos), implantando una transformación radical, en el paradigma dominante en el proceso de conocimiento.

Según Morín, E. (1994, p.12), "se dice cada vez más y a menudo, eso es complejo, es necesario establecer una ruptura y poner de manifiesto que la complejidad es un reto que el espíritu debe y puede lograr". El objetivo fundamental, es revisar los supuestos de este paradigma así como su influencia en los procesos del quehacer educativo, al igual que en la construcción del conocimiento del siglo XXI, abordando al principio el problema de la epistemología de la complejidad, y su importancia para las teorías del conocimiento.

La epistemología es compleja, por cuanto revela al sujeto cognoscente que en sí mismo es complejo, no sólo porque se trata de un sujeto individual y colectivo a la vez, sino, por concebirle como producto de un proceso de auto-eco-organización, es decir que involucra a un ser con cierta relatividad de autonomía, subyugado a las necesidades y tareas que implica la coexistencia misma, pensando que todo ser viviente, se encuentra vinculado a un entramado sistémico, por lo que debe adaptarse a su medio ambiente debido a que de él adquiere energía, materia, información así como organización; fundamentos estos, que permiten establecer la idea compleja principal: *toda autonomía se construye en y por la dependencia del individuo con su propio medio.*

Es por ello, que Fuenmayor, E. y Hernández, A. (Ob. Cit.) consideramos que el hombre como ser vivo, está en constante construcción de sí mismo, de su *yo que le identifica*, del pensamiento del *mí objetivado*, del *sí mismo*, y que *desde acá*, en el pensamiento de Morín, tiene la necesidad de autorregularse y de auto referenciarse, porque el ser humano para lograr autoidentificarse como sujeto, requiere del principio de la identidad compleja, que posibilita su objetivación, permitiéndole estar al frente de la personalización y constitución de su propia identidad subjetiva.

En este momento preciso, es cuando se puede visualizar la distinción entre los diferentes roles ejercidos en relaciones con el yo y los otros yoes, por ello es que cuando no se logra establecer con claridad esta distinción, existe la posibilidad del error, entrando así en el mundo de la complejidad, al tomar cualquiera de las posiciones anteriores y confundirlas, como producto de las dificultades de comunicación derivadas de la objetivación del lenguaje, cuya aprehensión incompleta, lleva a expresar o captar las ideas del otro, de manera errónea, produciendo incomprensiones, cayendo en el plano del conocimiento falseado.

La complejidad del pensamiento, así como la reconstrucción de la realidad por el sujeto cognoscente, traslada al ser humano de forma directa a la Transdisciplinariedad como epistemología de la investigación y del conocimiento, al involucrarlo en el discernimiento de la vida, la existencia, la comprensión, el desarrollo humano, la educación y las disciplinas de manera integrada. En las sociedades actuales, sus antagonismos, desórdenes y conflictos, conllevan a emplear procedimientos de auto-regeneración, que permiten cada vez más, superar las complejas condiciones de fragilidad.

Transdisciplinariedad y Filosofía Integral

La ciencia se ha venido desarrollando en la modernidad en términos disciplinarios, al responder a la demarcación de objetos, espacios, o problemas específicos de una realidad, estableciendo según Morín, E. (1999), su autonomía por medio de la delimitación de sus fronteras, en interrelación con la dinámica teórica en búsqueda de explicaciones más integrales y de la necesidades socio-históricas exigente de soluciones reales a los problemas.

Pero también lo ha hecho por el lenguaje empleado, las técnicas utilizadas e incluso en ocasiones por las propias teorías; surgiendo de acuerdo con Ander-Egg, E.

(1999), la perspectiva teórica de la interdisciplinariedad, cuya idea central se refleja en la interacción y cruce entre disciplinas en disposición a la comunicación de ese conocimiento, en busca de generar intercambios mutuos así como la integración de varias ciencias.

Sin embargo, no ha sido suficiente ésta configuración para el desarrollo de la ciencia, lo que ha hecho necesario proporcionar un paso más profundo, dado el carácter complejo de la realidad. Es por eso que el pensamiento postmoderno señala la imposibilidad de afrontar dicha complejidad desde disciplinas particulares, puesto que es inconcebible la existencia de problemas personales que no estén insertos en la totalidad, ese paso se ha cristalizado en la Transdisciplinariedad.

Bajo esta figura se conciben conjuntos complejos, interacciones y retroacciones entre las partes con el todo, así como problemas esenciales que según Morín, E (Ob. Cit.), pasaban desapercibidos en el paradigma disciplinario. Residiendo su clave de acuerdo con Ander-Egg, E. (Ob. Cit.: 108), "en la unificación semántica y operativa de las acepciones a través y más allá de las disciplinas". Ella solo aparece cuando la investigación como lo señala Gibbons, M. y otros, (1997), se fundamenta en la comprensión teórica, acompañada de una interpretación de Epistemologías disciplinares equitativas, avanzando en las investigaciones, orientadas hacia resultados contextualizados.

Una Transdisciplinariedad consolidada, según Piaget citado por Palmade, G. (1979), como el desarrollo de una teoría general de sistemas, con estructuras operativas, sistematizadas y probabilísticas que unen las diferentes posibilidades por medio de innovaciones reguladas y precisas. Con ese perfil se dirigen hacia el renacimiento de la Filosofía de la época clásica como ciencia de la totalidad, al articular la realidad desde los principios que la rigen.

Una Filosofía que emerge en los círculos intelectuales y oficiales en los cuales se rescata el conocimiento ontológico en un paulatino ritmo pasando por Schopenhauer, Nietzsche, la Escuela de Frankfort, la fenomenología, entre otros, cuyo fin es liberar al *Ser*, al hombre viviendo con la naturaleza de manera sustentable, con sus semejantes y sus circunstancias, sabiendo que de eso depende su existencia como especie.

Un relanzamiento de la Filosofía como madre de la ciencia universal cuyo fin es la permanente búsqueda del conocimiento con responsabilidad social. Por eso debemos incentivar la investigación indagando el conocimiento en las fronteras de la ciencia, como lo plantea Acurero (1995), suscitando el pensamiento transformacional para integrar el conocimiento de las ciencias naturales y sociales en un diálogo creativo entre ciencias y humanidades; lo cual puede darse bajo la perspectiva multimetódica.

En concordancia con Méndez, E. (Ob. Cit.) esa nueva visión de la ciencia conlleva implicaciones prácticas al proponer el trabajo en equipos, e incluso repercute en la formación de profesionales de Educación Superior de manera integral, admitiendo la diversidad y heterogeneidad de los estudios, con múltiples enfoques con distintas soluciones. Circunscribiendo también las investigaciones particulares estudiadas de manera integral por representar hologramas, sistemas complejos que comprenden en simultaneo todos los componentes de la realidad de donde emanan.

Es importante resaltar que en la actualidad según Méndez, E., se vienen presentando estudios transdisciplinarios consolidados, realizados por círculos científicos europeos, norteamericanos, latinoamericanos y entre ellos venezolanos, tales como el Centro de Investigaciones Postdoctorales de la Universidad Central de Venezuela (UCV); así como señala la autora la Red de Investigadores de la Transcomplejidad de la Universidad Bicentenaria de Aragua (UBA) en Maracay: Venezuela.

La Red de Investigación Estudiantil de la Universidad del Zulia (LUZ) (Redieluz), programa estratégico adscrito al Vicerrectorado Académico. El Núcleo de Investigación Dr. Fernando Ferrer de la Universidad Pedagógica Experimental Libertador Instituto de Mejoramiento Profesional del Magisterio (UPEL-IMPM), en la Extensión Académica Maracaibo. Y el IPB de Barquisimeto. Así como en septiembre de 2019, la creación de la Red Iberoamericana de Investigación y Postgrado, en la Universidad Técnica de Oruro en Bolivia, en la cual participaron varias universidades de Latinoamérica: de Argentina, Bolivia, Colombia, Ecuador, Perú, y Venezuela, entre otros países.

De esta Red emerge un texto denominado: "Haciendo ciencia, construimos futuro", en el cual, se sistematizan trabajos de investigación compilados por la Red de Investigación Estudiantil de la Universidad del Zulia (Redieluz), con el fin de compartir los hallazgos de las investigaciones realizadas en los países participantes en el contexto nacional e internacional. En los actuales momentos se está organizando también en la Upel Extensión Académica Maracaibo, la I Jornada Internacional de Investigación e Innovación Educativa y IV Encuentro de Experiencias Investigativas, que se consolidara antes de culminar el año 2022; en la que se realizarán dos fases, la primera que será presencial, en la cual se expondrá sobre: a) Núcleo, Centros y Líneas de Investigación, y Líneas de Extensión Académica. Así como b) Dos exposiciones sobre Experiencias Investigativas. Y la segunda vía online con cuatro Foros: 1) sobre Rutas Epistémicas y la Técnica de MAPEO (Venezuela). 2) Exposición sobre El Paradigma Cuantitativo (Forista Internacional aún no definido). 3) Exposición sobre Fenomenología, (Forista Internacional aún no definido). 4) Exposición sobre Enfoque Multimétodo. (Venezuela).

Responsabilidad de las Instituciones Universitarias en tiempos de galimatías planetario
Ante las condiciones paradójicas que se viven en la actualidad en la sociedad mundial en las cuales se vienen presentando tiempos de inestabilidad e incertidumbre producto de la aparición del Covid 19 que según García, A. (2020), es ocasionada por un diminuto virus de entre los cientos de miles que existen, y está con-

duciendo a que más de 2.600 millones de personas suspendan sus actividades habituales, se encuentren paralizados gran parte de los trabajos que las personas realizan para resolver sus condiciones de existencia, y los gobiernos implementen estados de excepción que coarten la posibilidad de desplazarse y agruparse con el fin de contener la expansión del virus.

Una aprensión global se está apoderado de los medios de comunicación infundada en una niebla de sospechas sobre el otro cercano como posible portador de la enfermedad, pareciera que quiere encumbrarse en el espíritu de la época, por lo que siento la necesidad de abordar esta problemática desde el compromiso de las universidades como institución del Estado.

Por ser una de las instituciones más importantes del Estado, las universidades públicas, tienen responsabilidad en la formación de las múltiples legitimidades gubernamentales y las no estatales, al universalizar la educación regular, impartir los bienes educativos en la sociedad, haciendo posible la permeabilidad para el surgimiento de nuevas profesiones y oficios, con el compromiso de generar el conocimiento social, así como los modos de integración intelectual, que representan la lógica y moral de la sociedad con el Estado.

De acuerdo con García, A. (Ob. Cit.), con la destrucción del Estado Social, las élites de los países "desarrollados", (comillas son de la autora), estrecharon vías de legitimación externas, mediante las cuales las tecnocracias de universidades del norte, así como las de organismos internacionales se propusieron establecer un culto sobre las bondades de la expropiación de los recursos públicos de los países no desarrollados o en vías de desarrollo, así como la salida por "seguridad", del excedente económico nacional hacia bancos en el exterior; lo cual trajo el riesgo de los embargos al igual que la apropiación de lo indebido por dichas instituciones y países del norte e incluso del sur; más una sucesión de descréditos coloniales hacia el conocimiento local y las universidades públicas nuestras.

Es importante destacar que no existe sociedad capaz de auto-determinarse al definir por sí misma su destino sin la respectiva creación de conocimiento propio y el de otras. Es por ello, que las universidades hoy presentan un doble reto consistente en: desarrollar su capacidad de generar conocimiento autóctono, no solo de reproducir y transmitir los que se han forjado en otras latitudes. Sin el ánimo de desconocer la importancia del acceso a conocimientos locales, ni el de producir algunos nuevos. Quiero expresar que lo que sucede en cada patria no representa la validación empírica de lo teorizado en diferentes territorios, ni la desorientación pasajera de una responsabilidad con la que ha de solidarizarse en algún momento.

Debemos asumir el compromiso en *primer lugar* de: promover nuevos conocimientos, y estructuras conceptuales que evidencien la inclemencia de los sucesos que acaecen hoy, que nos permitan dialogar con esquemas conceptuales producidos en otras partes del mundo, y de explicar con categorías más lógicas lo que sucede acá, así como, lo que ocurre también en otras latitudes del planeta. Estamos viviendo un momento insólito para las Ciencias Antroposociales por la trascendencia de lo que está aconteciendo en todo el planeta, y las consecuencias en distintos espacios, costumbres, y demás ámbitos de la experiencia social.

En Latinoamérica la sociedad en su devenir histórico ha proporcionado modelos de una excepcional valentía política y social para objetar las múltiples relaciones de poder, promover fusiones institucionales novedosas, establecer formas de acción y participación colectiva audaces, muchas de las cuales sirven como prototipo o referente a otras sociedades del mundo.

Entonces, ¿qué es lo que nos detiene para creer que tenemos la capacidad y preparación para producir conocimiento y teoría social?; ¡si en realidad ya lo venimos haciendo! Creo que nos falta tener convencimiento, razón por la cual debemos buscar en nuestro interior, en el subconsciente personal y colectivo, para conocer lo que pasa en nuestra disposición como fuente de conocimiento universal, dejar de tener miedo, e incrementar nuestra autoestima y la convicción de poseer las competencias para nuestro desempeño en los contextos y áreas en las que fuimos formados.

Además, poseemos la fortaleza de ser amplios, de mente abierta al contar con una forma de proceder más plural, lo que nos hace sentir avidez, por conocer las producciones académicas de otros países, en especial si son dominantes; lo que pudiera ser una preeminencia si le incluimos la pasión por lo nuestro, y lo propio continental. Eso es lo que podríamos aclamar como creación de conocimiento universal, mucho más eficaz, si los confrontamos con aquellos generados en regiones y localidades dominantes, que suponen ser universales por el hecho del efecto en teoría, de su posición económica en el planeta.

En *segundo lugar*, está el compromiso del estudiante, el profesor, e investigador, con la sociedad al realizar investigación, siendo evidente que el hecho de ser investigador no lo deslinda de su Ser social ni del conjunto de relaciones de poder que le rodean. En realidad lo importante no es la supuesta neutralidad valorativa sino el justo sentido, en la correcta administración, puesto que el impacto de una buena investigación reside en la correcta gestión del entramado de aspectos que opera en el estudio y de su condición de ser una persona con compromiso social, con amplia consciencia para plantear el problema de investigación.

La pertinencia del compromiso social del investigador ha de manifestarse al momento de entrever los hechos a estudiar, formular las preguntas que habrá de resolver, porque cada manera de posicionarse en la situación, acredita con mayor o menor evidencia la posibilidad de plantearse infinitas preguntas enmarcadas en las expectativas y juicios que se tienen sobre dicha situación en el mundo.

Cuando la lealtad a los compromisos, son críticos sobre la realidad del mundo, debe colocarse a prueba mediante la Multidisciplinariedad y Transdisciplinariedad, así como por medio de diferentes creencias de las teorías conceptuales, para adoptar, hilar, fusionar y crear aquellas que de manera irrefutable aprehendan la dinámica de los acontecimientos. De esta manera, la investigación hará germinar durante su desarrollo conceptos, esquemas lógicos que articulen las categorías emergentes, las cuales deberán abordarse y explicarse.

En el mismo orden de ideas, la condición de obtener y medir los datos de los procesos sociales deberán adaptarse a cubrir la mayor parte de la cualidad de la situación indagada, mientras que la articulación lógica de los resultados habrá de guiarse por evidenciar, de manera casi irrefutable, el flujo de las causalidades, tanto lógicas como prácticas de las personas involucradas en el hecho social. Así el compromiso social será más válido por el poder argumentativo de los hechos, que por la persuasión.

La responsabilidad social desde las instituciones universitarias como es el caso, de acuerdo con Guédez, (2006), es la manifestación mutua del comportamiento ético, donde debemos considerar el impacto en diferentes grupos adscritos a la organización que condicionan el desempeño en sus entes activos, por medio de actividades productivas, dirigidas a un sector de la sociedad que exhibe limitaciones, demandando promover de manera inteligente cambios de actitud que admitan una adaptación eficaz para asumir lo social con visón estratégica; de tal forma que el proceso ético se concrete con acciones que se asuman en primera persona y sucedan de manera comunitaria al enfatizar lo que se debe aportar.

Por ello la responsabilidad social requiere de líderes que se apropien de un cambio de paradigma, al dispensar a esta función elementos que les permitan desplegar su capacidad creativa, por medio de la fuerza interna de las personas. Ser emprendedor, innovador, creativo, motivador, asumir riesgos, al cumplir una práctica con orientación mundial y ecológica en un complexus en el cual todo se relaciona; con respeto a las personas, sociedades y culturas, valuando discrepancias, sin menospreciar la etnicidad, su origen o características, conduciéndolo a un nivel elevado de desarrollo, con el fin de lograr que esa responsabilidad social subsista al margen de los intereses personales.

Así, con conocimiento social, el resurgimiento del Estado y los tiempos de incertidumbre con visión estratégica de las sociedades abrirán un espacio infinito de posibilidades de creatividad social, de compromisos políticos y expansión de procesos académicos competentes que harán propiciar la reflexión de los participantes de la sociedad e impactar en políticas públicas.

Bajo esta visión, arrogo el concepto de participación comunitaria desde el criterio de las acciones realizadas por las personas en su desempeño desde lo social y comunitario. De acuerdo con Aguilar, (2001), una comunidad es un conjunto de personas que habitan en un espacio geográfico determinado, utilizan redes estables de comunicación dentro de la misma, pueden compartir bienes y servicios comunes, desarrollan un sentimiento de pertenencia e identificación con algún símbolo local; en consecuencia desempeñan funciones sociales a ese nivel, de tipo económico en servicios, de socialización, de control social, de participación social, y de apoyo mutuo.

El suscitar procesos de participación o emprender este tipo de cultura contribuye a que los actores sociales se sientan comprometidos a ser solidarios, activos, así como responsables, no sólo para cubrir las necesidades particulares de la comunidad, sino al *asumir acciones importantes* como ciudadanos en la vida democrática del país, con implicaciones en el impulso de las personas para *involucrarse* en todo aquello que les afecta en forma directa o indirecta, al modificar su *actitud* displicente y dependiente, por otra *proactiva, interesada, y consciente.*

Esta participación admite la tolerancia de una presión dialéctica constante en la comunidad, así como la presencia de una dinámica de conflicto, negociación e intercambio de información para la toma de decisiones compartidas; el conocimiento, la comunicación de las necesidades, idiosincrasias y diferencias locales; el respeto por la diversidad, la pluralidad de ideas que se da dentro de las comunidades por su misma heterogeneidad, en razón de los diversos modos de actuar e intereses opuestos de los actores y organizaciones. Lo ideal es que la comunidad en pleno participe en conjunto al impulsar su participación ciudadana al fortalecer organizaciones no gubernamentales eficientes en la gestión de acciones para su desarrollo y en la prestación de servicios.

Esta participación no debe ser obligatoria; lo común, es que grupos afectados por problemas o determinadas necesidades, tomen *actitudes participativas,* y vayan *incorporando* de manera progresiva en este proceso a otros actores por medio de las redes sociales u otros medios de comunicación masiva. En este proceso las *personas* son identificadas como auténticos participantes lo que lleva a pensar en estrategias que *favorezcan su inclusión* en todos los períodos cuando se *elaboran planes o proyectos comunitarios*, e ir construyendo de esta manea el valor de lo propio mediante el sentido de pertenencia.

Desde la gestión del proceso de aprendizaje desde las universidades en estos momentos inéditos en el planeta, necesitamos realizar una acción educativa dirigida a las relaciones antroposociales, por medio de una praxis que nos conduzca, al ejercicio de acciones en lo referente a la relación docente-participante, en la cual ambos, en la intencionalidad del acto social en el que nos encontramos inmersos, nos percibamos como somos en realidad, y cada uno se sienta más allá del rol asignado por la sociedad, para que al tener que realizar su papel, nos sintamos como *seres humanos conscientes* y como tal sometidos a los cambios a los cuales debemos adaptarnos.

Se requiere entonces que la actividad académica vaya más allá de las fronteras de las relaciones de información, en la perspectiva, de establecer una correspondencia inter-comunicacional más privilegiada por una serie de reacciones emocionales y afectivas de comunicación interhumana, para beneficio de una *sociedad* en la cual se respete al semejante, así como a todas las especies. Todo ello mediante estrategias diseñadas para ofrecerlas a distancia tales como: conferencias, seminarios, foros, diplomados, u otras, que les permita acumular unidades acreditables necesarias para su grado.

Así también, creo que le corresponde al docente abordar esta situación desde su praxis académica por el rol tan importante que ejerce en la sociedad, de manera sea la universidad, el centro desde donde se realice la siembra, en un trabajo conjunto con la participación comunitaria para ir formando e incorporando al flujo de trabajo las experiencias subjetivas personales, haciendo extensivas a la comunidad, los principios aplicables al sujeto como ser individual, de manera que se vaya sumando e incorporando con sus experiencias, información y formación.

Desde esta configuración asumir una nueva actitud de *reciprocidad humana igualitaria* con la cual tanto el participante como el docente estemos en condiciones de compartir los nuevos aprendizajes desde la praxis académica, en busca del desarrollo y crecimiento personal, como alternativa de cambio e innovación en el auto-aprendizaje, en estos tiempos de cambios con transformaciones en el planeta, que reclaman *tomar consciencia* al asumir la *responsabilidad personal y profesional formal,* para con ello contribuir a la evolución de la especie humana, así como a la posible salvación de las otras especies con los cuales cohabitamos el planeta.

Estamos atrapados en una galimatías planetaria en la cual la vorágine de múltiples crisis económicas, ambientales, sociales, médicas y políticas están diluyendo todas las posibilidades sobre el devenir; con la amenaza que las élites económicas de supremacía mundial se impongan con planteamientos, en los que el resto de la sociedad mundial desposeída de bienes, ante esta crisis, sean subyugadas al llevarlas a vivir mayores penurias de las que ya padecen.

No obstante, las élites dominantes, no están exentas de ser tocados por el torbellino planetario aunque quizás con menor intensidad a pesar de la inestabilidad mundial, razón que los lleva a afianzarse con perseverancia en sus creencias, y actuar en forma desmedida para lograr sus objetivos.

Pese a ello, considero que aún no todo está perdido y nos queda todavía un sendero por recorrer con el apoyo de una serie de personalidades con pensamiento crítico, así como las universidades públicas, y es posible algunas privadas, al plantear las demandas que viabilicen la posibilidad de enfrentarlos con estrategias de autoconocimiento, haciendo factible en medio de la realidad de múltiples eventualidades, se fortalezcan las actividades en las que se incorpore la participación comunitaria, aplicando sus principios de solidaridad, igualdad *social*, y equidad.

Al referirme a los principios de la participación comunitaria resalto con letra cursiva la igualdad *social* para destacarla porque desde otros parámetros considero que es un error hablar de la tan propagada igualdad de los seres humanos puesto que bajo mi percepción, en realidad somos diferentes, posición que fundamento a continuación:

Si la praxis docente debe enfocarse a la formación de destrezas dirigidas a reforzar un proceso de adaptación del participante a las normas sociales aceptadas, a fortalecer los valores que incrementen los rasgos de comportamiento y personalidad, cuyo fin es hacerlo sentir integrante de una comunidad, en la cual debe participar para el bienestar común, estimular desde la curiosidad, desarrollando la capacidad de sorprenderse y de innovar, despertando el interés personal, el placer de aprender, al compartir el conocimiento mediante un aprendizaje colaborativo, y así conformarlo como un ser, más que humano, humanizado, dispuesto a contribuir de manera solidaria en su contexto inmediato donde pueda sentirse realizado; entonces analicemos lo siguiente:

De acuerdo con Martínez, (2002), cuando expresa que el docente en su praxis requiere crear actividades dirigidas hacia el logro de metas orientadas a una educación humanista con una concepción que va desde la formación del desarrollo humano del participante en los aspectos que desgloso a continuación: haciendo énfasis justificando en letras cursivas en cada uno, para destacar las razones que me llevan a pensar el por qué considero somos diferentes:

❖ La unicidad de cada ser humano, puesto que somos seres únicos e irrepetibles, *por poseer una combinación exclusiva de inteligencias, lo cual significa que no existen dos personas que tengan con exactitud las mismas y en idénticas combinaciones; además de nacer con huellas dactilares no coincidentes, con distinciones para cada uno.* **Entonces, ¿somos iguales?**

❖ La tendencia natural hacia su autorrealización, *porque es un derecho natural que tenemos para lograr lo que deseamos.* **Pero no todos tenemos los mismos deseos, por lo tanto, ¿somos iguales?**

❖ Libertad y autodeterminación, *pues nacimos libres por derecho natural y con la independencia lograda por nuestros libertadores.* **Todos no poseemos la misma autodeterminación, todavía existen pueblos sometidos y esclavizados, ¿somos iguales?**

❖ Integración de los aspectos cognitivos con el área afectiva, *que se realiza por la presencia de filtros cerebrales que seleccionan el conocimiento bajo estipuladas condiciones en las cuales las emociones son determinantes.* **Pero resulta que no todos tenemos las mismas condiciones, ni sentimos las mismas emociones, ¿somos iguales?**

❖ Capacidad de originalidad y creatividad, *con el fin de expresar nuestras preferencias e ideas propias, así como la capacidad heurística que hemos desarrollado.* **Tampoco tenemos las mismas preferencias, ideas y capacidad creativa, ¿somos iguales?**

❖ Jerarquía de valores y dignidad personal, *puesto que cada uno posee una escala de valores que rige su vida y estima propia.* **No todos tenemos la misma escala de valores, ni estima personal, ¿somos iguales?**

En resumen los seres humanos no somos iguales, sino diferentes, lo que *si tenemos son los mismos derechos* que se encuentran consagrados en la Constitución de la República y por el hecho de ser humanos tenemos los mismos *derechos sociales*. Quizás era necesario tocar fondo para hacernos reaccionar y proponernos en unidad enfrentar la situación y salir adelante, pero creo que aunque hacerlo es un riesgo, tenemos que asumirlo, pues merecemos situarnos en el sitial que nos corresponde.

REFLEXIONES FINALES

✓ Desde la construcción lingüística de Merleau-Ponty, en 1976, conocer es siempre aprehender un *dato* en una cierta *función*, bajo una innegable *relación*, en tanto *significa* algo en el *contexto* de una misma *estructura*. Este acto no pertenece al orden de los hechos en sí; sino a la toma de posesión de los mismos, por ser una *recreación* o repetición interior de la imagen mental; porque no es el ojo, ni el cerebro, como tampoco la psiquis del observador los que pueden cumplir el acto de visión, pues se trata de una inspección del Espíritu - Alma en el cual tales hechos, al mismo tiempo que vividos en su realidad, son percibidos por sus sentidos. Por lo tanto, el hecho de conocer lo realizamos porque tenemos un Alma que inducida por el Espíritu lleva al cerebro por medio de nuestra mente a pensar y a adquirir conocimiento.

✓ La concepción de conocimiento de Martínez, M., rebasa la de adecuación del objeto de conocimiento a la de sujeto de conocimiento; este concepto lo trasciende al sustentarse en el entramado de un mundo complejo y sistémico, que pretende explicar los hechos reales desde una red de relaciones ontológicas entre los elementos que la constituyen, por tal razón, no puede partir de su parcelamiento en búsqueda de la forma de conocer y la forma como está constituida.

✓ La totalidad del conocimiento humano forma un sistema que requiere de nuevos paradigmas que le ofrezcan la coherencia paradigmática.

✓ La ciencia se está enfrentando a paradojas, así como a la dificultad de resolver problemas por los cambios de la lógica. Considero que ella está pasando por una crisis que no es conceptual ni metodológica sino cultural.

✓ Cada vez surgen mayor cantidad de discusiones a la luz de la comprensión del conocimiento, porque el mundo se encuentra constituido por una realidad tan compleja, que se hace limitante explicar los aspectos inconmensurables que lo integran, no por la ausencia de método, sino porque el ser humano es participante de un universo creado de consciencia, e integrante del campo de Energía Consciente, lo que significa que el universo físico no posee cualidades ni atributos en ausencia de un observador consciente.

✓La episteme emergente se aproxima a la concepción de unidad de la realidad; aunque aún existen paradojas entre el conocer y la forma de conocer.

✓De acuerdo con Merleau-Ponty en 1976, con Morín en 2006, con Villalobos en 2010, y con Martínez en 2012, el garante del conocimiento, es el *espíritu* humano, junto con el cerebro como órgano capaz de pensar por medio de la inteligencia, que conforman un bloque cognoscente con el entorno; siendo el *espíritu* el aspecto intangible que reconoce y propicia la energía vital de todo lo existente. Por lo tanto, el cerebro y el espíritu, unidos conforman un vínculo de mancomunidad fusionados de tal manera que no es posible escindirlos, en cuyo entorno giran posiciones del mundo, del hombre, y del conocimiento.

✓Los estudiantes como investigadores nóveles más allá de percibir una disputa entre ambos enfoques, deben explorar nuevos contextos que le proporcionen la aproximación a la explicación y comprensión de los hechos, partiendo de la integración de enfoques y métodos, con el fin de traspasar las fronteras de la ciencia mediante la ruptura del supuesto antagonismo, al trascender los prejuicios para dar paso a nuevas concepciones de la realidad logrando percibirla de manera integral en su cosmovisión, abstracción, acceso, y conceptualización.

✓La disertación sobre el Enfoque Multimétodo permite extraer una serie de reflexiones que son pertinentes para que los investigadores nobeles puedan hacer el abordaje de estudios utilizando varios métodos, sin que ello represente una aberración, pues diferentes autores de talla calificada como Shaughnessy, J., Zechmeister, E., y Zechmeister, J. (2007). Ruiz, C. (2008). Hernández, R., Fernández, C., y Baptista, P. (2010), Morse, J. (2010), Sandín, M. (2003). Bericat, E. (1998), Schavino, N., y Villegas, C. (2010), entre otros, han desarrollado estudios dándole rigor científico a esta variante.

✓La combinación de los métodos debe ser el resultado de la eficiencia y satisfacción tanto del investigador como de la pertinencia social de la investigación desde el reto de reflexión implicado para: su comprensión, su enriquecimiento y el enriquecimiento lingüístico al que se somete, así como de la amplitud de términos empleados, entendido por una mayoría.

✓La generalidad de los problemas vinculados a la cotidianidad del hombre, presentan un nivel de complejidad, que no permite ser atendidos con los enfoques de investigación tradicionales. En ese sentido, es necesario acudir al Enfoque Multimétodo.

✓Representaría un desatino, por parte del investigador, considerar que solo existen los dos enfoques tradicionales para emprender el estudio metodológico, siendo importante buscar una nueva forma de pensar en las soluciones, al brindar la oportunidad de crear otros enfoques que desarrollen nuevas alternativas, como el Multimétodo.

✓Por otro parte, sería ideal apuntar hacia los grados de coherencia piramidal entre lo cuantitativo y lo cualitativo, puesto que permitiría nuevos escenarios en la investigación, por aquello de complementarse, combinarse y triangularse, debido a que coexistiría una interpretación dual de la complementación del proceso indagatorio en las ciencias sociales, por la existencia de dos imágenes reales de un mismo hecho.

✓Tomar en consideración, que los paradigmas no constituyen una determinante en la elección de los métodos, debido a que esto va a depender de las situaciones confrontadas por el investigador. Sin embargo, es recomendable mantener la coherencia horizontal y vertical entre los elementos de la investigación, es decir entre el paradigma, la teoría, y su metodología, debido a que es recurrente emplear desde la epistemología algunas técnicas de observación y análisis de determinadas orientaciones metodológicas. Por lo tanto es importante mantener la prudencia metodológica como señala Bericat, E. (Ob. Cit.), al momento de integrar métodos, porque sin dicha prudencia no tendría sentido hablar de verdaderos diseños Multimétodo, sino más bien de elementales yuxtaposiciones desordenadas o absurdas uniones de técnicas.

✓ Es preciso señalar que, es posible la combinación de ambos paradigmas, tal como lo plantea Bericat, al aportar como estrategia de integración o combinación, la Doble Pirámide de la Investigación Social, y posteriormente la legitimidad indiscutible de complementariedad, proponiendo alguna de las estrategias de: Complementación, Combinación, Convergencia o Triangulación

✓ Las fórmulas metodológicas requieren tener en cuenta las variables del mundo real y de los sistemas abiertos por ser complejos. Necesitan concertar variables dentro de los modelos lógicos y lograr los hallazgos significativos, considerando el contexto en el cual se utiliza. Por las razones antes expuestas, se requieren diseños Multimétodo, para reunir evidencias reveladoras que satisfagan las necesidades de las partes interesadas en contextos reales.

✓ Es necesario trascender hacia una visión ecléctica, e integradora, debido a que los modelos epistémicos en investigación, tanto los que seleccionan datos cuantitativos, como los que optan por cualitativos, y sus métodos pertinentes, no forman vertientes contrapuestas, excluyentes ni enfrentadas, sino que constituyen parte de un continuo dentro del proceso de investigación, que desde cada modelo busca un tipo de conocimiento particular, valiéndose de un método cuya aplicación accede a alcanzarlo. Por tal razón en un proceso investigativo complejo, el investigador puede esgrimir métodos y técnicas diferentes, que consiguieran sugerir modelos epistémicos disímiles, sin contrariarse desde lo metodológico, ni filosófico.

✓Dejar establecido, que el pensamiento complejo, es una tendencia competente para amalgamar concepciones que en otros paradigmas, son capaces de refutarse entre sí, al ser desglosados y cerrados en dimensiones enclaustradoras. El conocimiento no busca umbrales prescriptivos, ideales y acabados que restrinjan la complejidad y reduzcan la comprensión del mismo haciéndolo quebrantable e ingenuo, sino por el contrario, exhorta al análisis de nosotros inmersos dentro de la complejidad, para fraccionar toda simplicidad.

✓Ante las condiciones paradójicas que se viven en la actualidad en la sociedad mundial se vienen presentando tiempos de inestabilidad e incertidumbre producto de la aparición del Covid 19 ocasionada por un diminuto virus que está conduciendo a que cerca de tres millones de personas suspendan sus actividades habituales, se hayan paralizado gran parte de los trabajos que la gente realiza para resolver sus condiciones de existencia, y los gobiernos implementen estados de excepción que coartan la posibilidad de desplazarse y agruparse con el fin de contener la expansión del virus.

✓No existe sociedad capaz de auto-determinarse al definir por sí misma su destino sin la respectiva creación de conocimiento propio y el de otras. Es por ello, que las universidades hoy presentan un doble reto consistente en: desarrollar su capacidad de generar conocimiento autóctono, no solo de reproducir y transmitir los que se han forjado en otras latitudes.

✓Debemos asumir el compromiso en primer lugar de promover: nuevos conocimientos, y estructuras conceptuales que evidencien la inclemencia de los sucesos que acaecen hoy, y nos permitan dialogar con esquemas conceptuales producidos en otras partes del mundo, al igual que explicar con categorías más lógicas lo que sucede acá, así como, ocurrido también en otras latitudes del planeta. Estamos viviendo un momento insólito para las Ciencias Antroposociales por la trascendencia de lo que está aconteciendo en todo el planeta, las consecuencias en distintos espacios, costumbres, y demás ámbitos de la experiencia social.

✓Estamos atrapados en una galimatías planetaria en la cual la vorágine de múltiples crisis: económicas, ambientales, sociales, médicas y políticas están diluyendo todas las posibilidades sobre el devenir; con la amenaza que las élites económicas de supremacía mundial se impongan con planteamientos, en las que el resto de la sociedad mundial desposeída de bienes, ante esta crisis, sean subyugadas al llevarlas a vivir mayores penurias de las que ya padecen.

✓Pese a ello, considero que aún no todo está perdido y nos queda todavía un sendero por recorrer con el apoyo de los Estados en unidad con una serie de personalidades con pensamiento crítico, así como las universidades públicas, y es posible algunas privadas, para plantear las demandas políticas, económicas y sociales que viabilicen la posibilidad de enfrentarlos con estrategias de autoconocimiento haciendo factible, que en medio de la realidad de múltiples eventualidades, se fortalezcan las actividades en las que se incorpore la participación comunitaria, aplicando sus principios de solidaridad, igualdad *social*, y equidad.

REFERENCIAS

Acurero, G. (1995). Las Nuevas Fronteras del Conocimiento. Maracaibo. Astro Data S.A.

Ander-Egg, E. (1999). Interdisciplinariedad en Educación. Buenos Aires. Magisterio del Río de la Plata.

Alvarado, J. (2006). *Antología Complementaria*. Seminario de Tesis I. México. Universidad Autónoma de Durango

Alvira, F. (1983). *Perspectiva Cualitativa/Perspectiva Cuantitativa en la Metodología Sociológica*. REIS N° 22.

Arias, L. (2009). *Interdisciplinariedad y Triangulación en Ciencias Sociales*. Revista Electrónica DIÁLOGOS. Costa Rica. Revista de Historia de la Universidad de Costa Rica. Vol. 10 No. 1. Febrero – agosto 2009.

Balestrini, M. (2002). Cómo se elabora el Proyecto de Investigación. Caracas. Venezuela. B L Consultores Asociados.

Balestrini, M. (2003). *Aproximación a la Utilización de los Diseños Multimétodo en los Estudios Modernos de Liderazgo y en el Marco de las Ciencias Sociales*. Opinión acerca de la utilización de los diseños Multimétodo a partir de su utilidad práctica en el campo de concentración. Universidad Central de Venezuela. Facultad de Ciencias Económicas y Sociales. Comisión de Estudios de Postgrado. Doctorado en Ciencias Sociales. Curso de Ampliación: Metodología de las Ciencias Sociales. Caracas. Venezuela.

Bericat, E. (1998). La Integración de los Métodos Cuantitativo y Cualitativo en la Investigación Social. Barcelona. España. Ariel.

Boza, M. (2012). *El Paradigma de Investigación: "La Estrella Polar del Científico"*. Universidad Pedagógica Experimental Libertador IPB. Revista EDUCARE, Volumen 16, Número 1, enero-abril 2012. ISSN: 2244-7296

Campos, M. (2007) *"El (Falso) Problema Cuantitativo-Cualitativo"*. Universidad Nacional Mayor de San Marcos. LIBERABIT: Lima Peru 13: 5-18, 2007 ISSN: 1729 – 4827.

Chatterji, M. (2015). *Mixed Methods Evaluations: Origins, Merits and Applications in Education*. Conferencia de la profesora PhD. del Teachers College (TC), Universidad de Columbia de Nueva York. Retransmitidas por TELEUNED. Disponible en: http://canal.uned.es/teleacto/450.html.www.uned.es/.../Resena%20Conferencia%20de%20la%20Profesora%20...

Cook, T, D., y Reichardt, Ch. S. (2005). *Métodos Cuantitativos y Cualitativos en Investigación Evaluativa*. Facultad de Filosofía. Universidad Complutense. Madrid. Morata, S. L.

Crotty, M. (1998). The Foundations of Socials Research. Meaning and Perspective in the Research Process. Australia. Allen & Unwin

Creswell, J. W. (2003). Research Design: Qualitative, Quantitative, and Mixed Methods Approaches A. Guzman Arredondo y J. J. Alvarado Cabral, Traductores. Thousand Oaks, California, U.S.A.: Sage Publications

Dendaluce, I. (1995). *Avances en los Métodos de Investigación Educativa en la Intervención Psicopedagógica*. Revista de Investigación Educativa, 26 (2)

Fuenmayor Rubio, E. (2014). Resumen: Foro: Implicaciones de la Coherencia Paradigmática en la Investigación Educativa. UPEL. Extensión Académica Maracaibo: Venezuela.

Fuenmayor, E. y Hernández, A. (2015). *Interpretando el Pensamiento Complejo de Morín para la Educación del Siglo XXI*. Artículo arbitrable. Universidad Pedagógica Experimental Libertador. Maracaibo: Venezuela.

Fuenmayor, E. y Bittar, O. (2017). *Multimétodo. Visión paradigmática integradora en la Investigación Educativa. Revista CICAG. Disponible en: 2520Revista%2520Cicag%2520%26nvp_site_mail%3DBuscar%-2520c&oq=Multimétodo.%2520Visión%2520paradigmática%20 integradora%2520en%2520la%2520Investigación%2520Educativa.%2520Revista%2520Cicag%2520%26nvp_site_mail%3DBuscar%-2520c&aqs=chrome..69i57.6441j0j7&sourceid=chrome&ie=UTF-8

Fuenmayor Rubio, E. (2018). *Gestión del aprendizaje para la Autosanación. Un acercamiento a la espiritualidad subyacente del ser humano.* Tesis doctoral. Universidad Pedagógica Experimental Libertador. Instituto de Mejoramiento Profesional del Magisterio. Extensión Académica Maracaibo. Maracaibo: Venezuela. Publicada como Libro (2019) por Publicia. Letonia: Unión Europea.

García, A. (2020). *Pánico global y horizonte aleatorio. Conferencia inaugural del ciclo académico en las carreras de Sociología y Antropología del Instituto de Altos Estudios Sociales,* de la Universidad de San Martín, Argentina. 30/03/2020.

Gibbons, M. y otros. (1997). La Nueva Producción del Conocimiento. La Dinámica de la Ciencia y la Investigación en las Sociedades Contemporáneas. Barcelona. Pomares-Corredor

Hernández, R. Fernández, C y P. Baptista. (2010). Metodología de la Investigación. México. Mc Graw Hill.

Hurtado de B. J. (2008). Metodología de la investigación. Una comprensión Holística. Caracas, Venezuela. Quirón

Koswelleck, R. y Gadamer, H. (1997). Historia y Hermenéutica. Madrid. Paidós.

Martínez, M. (1997). *El Paradigma Emergente: Hacia una Nueva Teoría de la Racionalidad Científica.* México. Trillas. ISBN 968-24-0415-0

Martínez, M. (2006). *La Investigación Cualitativa. Su Razón de Ser y Pertine*ncia. Revista Investigación en Psicología. 2006, 9(1), 123-146. UNMSM. Lima Perú.

Martínez, M. (2011). *Paradigmas Emergentes y Ciencias de la Complejidad.* Universidad Simón Bolívar, Caracas Opción, Año 27, No. 65 (2011): 45 – 80 ISSN 1012-1587.

Martínez, M. (2011). *El Paradigma Sistémico, La Complejidad y la Transdisciplinariedad como Bases Epistémicas de la Investigación Cualitativa.* Revista: Redhecs. ISSN: 1856-9331. Edición N° 11 Maracaibo: Venezuela. Universidad Rafael Belloso Chacín.

Martínez, M. (2012). *Epistemología Pedagógica.* Artículos. FIGURA FONDO • Núm. 31 • 2012. . Universidad Simón Bolívar Caracas: Venezuela.

Méndez, E. (2003). Cómo no naufragar en la era de la información. Epistemología para Internautas e Investigadores. Maracaibo- Venezuela. Ediluz.

Morales, M (2010).). *Transdisciplinariedad.* Revista: La Transcomplejidad: Un Enfoque Emergente en la Producción de Conocimiento Complejo y Transdisciplinario. Red de Investigadores de la Transcomplejidad. Maracay: Venezuela. Universidad Bicentenaria de Aragua.

Morín, E. (1994). Epistemología de la Complejidad. En FRIED Dora. Nuevos Paradigmas, Cultura y Subjetividad. Argentina. Paidos.

Morín, E. (1999). Los siete Saberes Necesarios para la Educación del Futuro. Editorial Santillana/UNESCO. París: Francia.

Morín, E. (1999). La Cabeza Bien Puesta: Repensar la Reforma. Reformar el Pensamiento. Buenos Aires. Nueva Visión.

Morín, E. (2004). Introducción al Pensamiento Complejo. España. Gedisa.

Morse, J. (2010). *Asuntos Críticos en los Métodos de Investigación Cualitativa.* Facultad de Enfermería de la Universidad de Antioquia. Colombia. Contus.

Palmade, G. (1979). Interdisciplinariedad e Ideología. Madrid. Narcea S.A.

Reichardt, C.S. y Cook, T, D. (1977). *Más allá de los ((métodos cualitativos versus los cuantitativos.* Revista Dialnet.

Ruiz, C. (2008). *El Enfoque Multimétodo en la Investigación Social: Una Mirada desde el Paradigma de la Complejidad*. Dialnet. Revista de Filosofía y Sociopolítica de la Educación. N° 8. Año 4. Caracas. Venezuela.

Sandín, M. P. (2003). Investigación Cualitativa en Educación. Fundamentos y Tradiciones. México. Mc Graw Hill.

Schavino, N. y Villegas C. (2010). *De la teoría a la praxis en el enfoque integrador Transcomplejo*. Congreso Iberoamericano de Educación. Buenos Aires: Argentina. 13, 14, y 15 de septiembre.

Shaughnessy, J. Zechmeister, E. y Shaughnessy, J. (2007). Métodos de Investigación en Psicología. Distrito Federal: México. McGraw-Hill.

Silva, R. (2010). *La Razón Transversal*. Revista: La Transcomplejidad: Un Enfoque Emergente en la Producción de Conocimiento Complejo y Transdisciplinario. Red de Investigadores de la Transcomplejidad. Maracay: Venezuela. Universidad Bicentenaria de Aragua.

Ugas, E.G. (2010). La articulación método, metodología y epistemología. San Cristobal: Venezuela. TAPECES.

Vasilachis, de G. (1992). Métodos Cualitativos I. Los problemas teórico-epistemológicos. Buenos Aires: Argentina. Centro Editor de América Latina.

Villalobos, J. (2010). *Consideraciones sobre la Epistemología de la Complejidad y la Idea de Sistema en la Investigación Científica*. Maracaibo: Venezuela. Revista CICAG. URBE.

Villalobos, J. V. (s/f). *Consideraciones Sobre la Noción de Episteme en Contextos Emergentes*. Maracaibo: Venezuela. Universidad del Zulia/Unidad Académica de Filosofía de la Ciencia Departamento de Ciencias Humanas/Facultad Experimental de Ciencias.

Villegas, C. (2010*). Praxeología de la Investigación Transcompleja*. Revista La Transcomplejidad: Un Enfoque Emergente en la Producción de Conocimiento Complejo y Transdisciplinario. Red de Investigadores de la Transcomplejidad. Maracay: Venezuela. Universidad Bicentenaria de Aragua.

Wilber, K. (1991). (Heisemberg, Schrödinger, Einstein, Planck, Pauli, Edidington). Cuestiones Cuánticas. Barcelona: España. Kairós.

Universidad del Zulia. (2020). Haciendo ciencia, construimos futuro. Astro Data S.A. Maracaibo: Venezuela

Contenido

DEDICATORIA	7
SEMBLANZA DE LA AUTORA	9
PRÓLOGO	13
PRELUDIO	17
CAPÍTULO I: CONCEPTO DE CONOCIMIENTO	25
Ausencia antagónica entre la perspectiva cuantitativa y la cualitativa	36
Enfoques para emprender la realidad en estudio	41
Coherencia paradigmática y sus implicaciones en la investigación	49
CAPÍTULO II: MULTIMÉTODO EN LA INVESTIGACIÓN	59
Estructura Sustantiva	63
Características del Multimétodo y logros con su uso	76
Legalidad Científica de la Integración Metodológica	78
Metáfora de la Doble Pirámide de Bericat	82
Nivel o Plano Metodológico	83
Nivel o Plano Epistemológico	85
Nivel o Plano Ontológico	86
Estrategias y Aplicación de la Integración Metodológica	89
Diseños Multimétodo en la Investigación	91
Componentes de los procedimientos	103
Estrategia concurrente anidada	110
CAPÍTULO III: PENSAMIENTO COMPLEJO Y EDUCACIÓN. RETOS PARA EL SIGLO XXI	129
Pensamiento Complejo	129
Epistemología del Pensamiento Complejo	135
Transdisciplinariedad y Filosofía Integral	137
Responsabilidad de las Instituciones Universitarias en tiempos de galimatías planetario	141
REFLEXIONES FINALES	155
REFERENCIAS	163

Este libro fue diseñado y exportado para su publicación en AMAZON por SULTANA DEL LAGO EDITORES, en los talleres gráficos del poeta Luis Perozo Cervantes, en Maracaibo, estado federal del Zulia, en el continente americano, del planeta tierra; a los 21 días del mes de octubre de 2022, el mismo día pero del año 1936 en que fue creada por decreto del Concejo Municipal de Maracaibo, la Biblioteca Pública Municipal Jesús Enrique Lossada, hoy inexistente.

www.ingramcontent.com/pod-product-compliance
Lightning Source LLC
Chambersburg PA
CBHW071404210526
45465CB00001B/242